표준전쟁

표준전쟁

지 은 이 안선주

펴 낸 날 1판 1쇄 2021년 7월 1일

대표이사 양경철
편집주간 박재영
편　　집 유은경
디 자 인 박찬희

펴 낸 곳 골든타임
발 행 처 ㈜청년의사
발 행 인 이왕준
출판신고 제2013-000188호(2013년 6월 19일)
주　　소 (04074) 서울시 마포구 독막로 76-1(상수동, 한주빌딩 4층)
전　　화 02-3141-9326
팩　　스 02-703-3916
전자우편 books@docdocdoc.co.kr
홈페이지 www.docbooks.co.kr

골든타임은 ㈜청년의사의 단행본 출판 브랜드입니다.

ISBN 978-89-91232-95-2 (93500)

책값은 뒤표지에 있습니다.
잘못 만들어진 책은 서점에서 바꿔드립니다.

다이아몬드부터 컨테이너까지

표준전쟁

안선주 지음

WARS OF STANDARDS

서문

"그렇게 깔끔하고 멋질 수가 없어요. 저를 위해, 또 제 이웃을 위해 꼭 필요한 것들을 다 준비해 놓았지 뭐예요. 그가 보낸 편지는 어떤 것은 100쪽 가까이 되고, 어떤 것은 10쪽도 안 되지만 정말 놀라워요. 그 안에 지식과 지혜가 담겨 있거든요. 그 완벽함이 저를 감동시킵니다. 저는 아무래도 사랑에 빠진 것 같아요."

표준과 사랑에 빠지다!

고백하건데 이것이 국제표준 문서를 처음 본 저자의 느낌이다. 표준에 관심이 있었던 것은 1997년부터인데, ISO 국제표준화회의에 참석해서 저자가 국제표준 문건을 처음 대면한 것이 2009년이다. 표준과 사랑에 빠진 뒤로 때로는 영어가 어려워서, 때로는 치열한 논쟁이 싫어서, 때로는 고생한 시간과 투입한 노력에 비해 자긍심과 자부심 외에는 남는 것이 없어서 이별을 고하고 싶은 적도 있었지만 여전히 표준은 나의 운명임을 고백하지 않을 수 없다.

최근에 유명한 대학병원 교수가 문제를 들고 찾아왔다. 해당 병원은 정부의 지원을 받아 최첨단 의료기기를 만드는 중인데, 표준개발이 사업목표에 포함되었다고 한다. 그런데 표준이라는 것이 어디서부터 어떻게 시작해야 할지 알 수 없고, 도움이 될 만한 참고자료가 없다는 것이었다. 그래서 난감하고 어렵다고 했다. 또 어느 중소기업의 연구소장은 자사의 제품을 표준화해서 세계 시장으로 나가려고 하는데, 시행착오를 겪지 않고 국제표준을 만들 방법이 없겠냐고 물었다. 연구성과가 아무리 좋아도 표준이 없고 검증되지 않았다면 공신력을 인정받기 어렵고, 기업의 제품은 해외 진출이 어렵다.

다들 표준 제정을 총성 없는 전쟁이라고 한다. 국제표준은 국가 간 치열한 경쟁으로 만들어지고 있다. 표준을 주도하는 국가와 기업은 해당 산업을 독점하게 되고, 승자 독식 구조는 한번 만들어지고 나면 깨기가 어렵다. 그런데, 정작 이 전쟁에 어떻게 뛰어들어야 하는지, 필요한 도구는 무엇인지, 또 어떤 태도로 임해야 하는지를 다룬 도서는 없었다. 공익적 측면에서, 또 산업적 측면에서 표준의 영향력은 날이 갈수록 커지고 있다. 따라서 표준화에 대한 진입장벽을 낮추고, 더 나은 세상을 만드는 데 기여하려면 대중적이고 깊이 있는 표준 도서가 필요하다.

본 도서는 표준화 지식이 절실히 필요한 사람들의 갈증을 풀어주기 위한 책이다. 표준화 지식의 확산으로 창조적 혁신을 이루려는 우리 사회의 요구에 응답하는 책이다. 미·중 간 벌어지고 있는 첨단기술 선정을 위한 치열한 표준전쟁의 소용돌이 속에서 우리 기술의 표준화를 준비하는 후속 세대를 염두에 두고 만든 책이다. 더불어 누구나 자기 분야에서 사회와 인류에 도움이 될 수 있는 표준을 만들 수 있음을 말하고 있다. 표준에 관해 알고 싶은 일반인은 이 책을 통해 세상을 움직이는 표준과 만날 수 있다. 표준을 개발하고자 하는 사람들에게 이 책은 국제표준 제안부터 제정의 전 단계를 체계적으로 안내하고자 한다.

이 책은 객관적 사실과 저자의 주관적 경험이 녹아 있다. 예를 들면 국제회의 발표내용의 구성 방법과 코멘트 대응 방안은 생생한 저자의 실전 경험에서 나온 주관적인 정보이다.

저자가 국제표준화에 뜻이 있는 것을 알고, 2009년에 ISO회의 참석의 길을 처음으로 열어 준 산업통상자원부 국가기술표준원에 감사드린다. 저자의 보건의료분야 표준화 전문성을 인정하며 '표준의 어머니'라는 별명을 붙여준 보건복지부에도 감사드린다.

국제표준을 개발함에 있어서 다양한 최신 지식을 습득하는 것은 큰 도움이 된다. 유럽과 북미 학회 참석의 경험을 통해 보건의료분야의 국제적인 흐름을 접하게 해주고, HL7, ISO에서 표준 전문가로 성장할 기회를 주신 서울대학교 의료관리학교실 김윤 교수님께 감사드린다. ISO 참석 후 6년쯤 지난 2014년에는 국제표준화 활동을 계속 할지 선택의 기로에 서게 되었지만 연세대학교 의과대학 김남현 교수님의 격려와 지지는 바쁜 일상 속에서도 표준화활동을 계속하게 만드는 원동력이 되었다. 이 자리를 빌려 감사드린다. 서울대학교 보건대학원 권순만 교수님께서는 표준 지식의 전문성을 계속 키워갈 수 있도록 많은 지지를 보내주셨다. 감사드린다.

성균관대학교 신동렬 총장님, 그리고 송성진 전 부총장님께 감사드린다. 2020년에 시작한 K-방역모델의 국제표준화를 추진할 때 많은 도움을 주시고 격려해 주셨다. 하버드대학교 의과대학 교수님이자 성균관대학교 양자생명물리과학원 루크 리(Luke P. Lee) 원장님께 감사드린다. 창의성과 통찰력에 대한 많은 가르침을 주고 계시다. 미국 유타대학교 스탠리 호프(Stanley M. Huff) 교수님께 감사드린다. 의료정보표준분야에서 한국대표로 다양한 경험을 할 수 있도록 배려해 주셨다. 캐나다 의사 메리언 라이버(Marion Lyver)에게 감사드린다. 과학적 표준화에 대한 통찰력을 제공해 주셨다. 이탈리아 동료 피에르 안젤로(Pier Angelo)에게 감사드린다. 실용적 관점에서의 표준 개발의 중요성을 알게 해 주셨다. 미국 게리 디킨슨(Gary L. Dickinson)에게 감사드린다. 표준이 어떻게 국가보건정책을 이끄는지 보여주었고 그의 코멘트는 저자가 국제 표준을 만드는 데 큰 도움이 되었다.

출장으로 바쁜 아내와 엄마를 응원하고 사랑해준 남편과 딸에게 이 자리를 빌려 사랑과 고마움을 전한다.

2021년 6월
안선주

차례

영화와 예능 속 표준이야기

우주에서도 통한다

가장 인기 있는 국제표준

없을 땐 어떻게 살았을까?

표준의 이해와 분류

표준의 이해

표준의 분류

국제 표준

국제 표준화기구

국가연구개발(R&D)과 표준

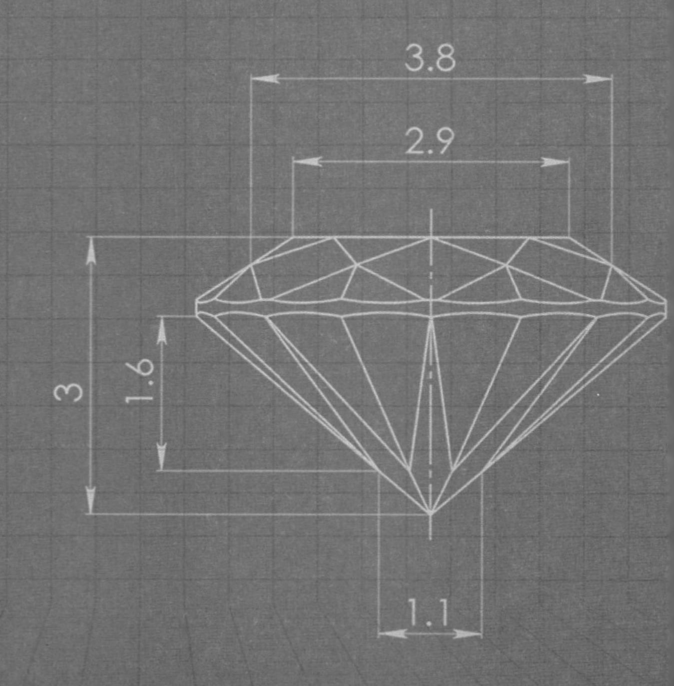
3.8
2.9
3
1.6
1.1

제1장

세상을 움직이는 표준이야기

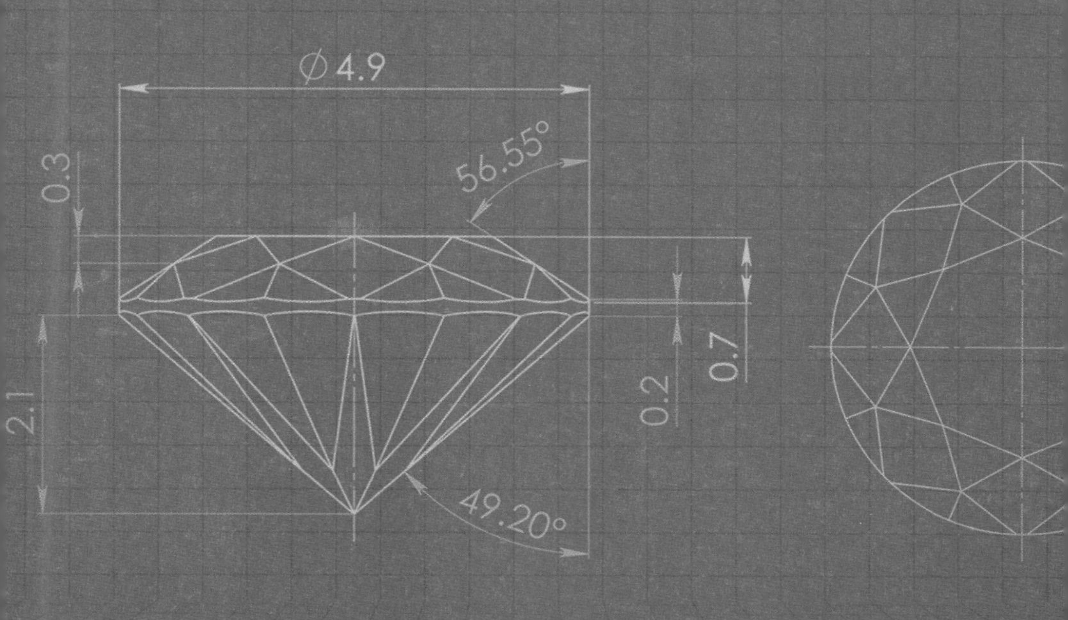

표준이 왜 필요할까?

사장님이 미쳤어요

첫번째 이야기

철수는 영희네 가게에서 라면을 하나 샀다. 라면의 가격은 2,000원이었다. 그런데 며칠 후에 똑 같은 라면을 사러 갔는데, 이번에는 가격이 4,000원이었다. 그동안 라면제조사가 가격을 올린 적도 없는데 말이다. 그런데도 가격이 올랐다. 며칠 후 영희 아빠가 철수에게 라면 가격이 3,000원이라고 했다. 그래서 철수가 물었다. "왜 올 때마다 가격이 다른 거예요?" 그러자 영희 아빠가 대답했다. "그 때 그때 달라, 기준은 없어".

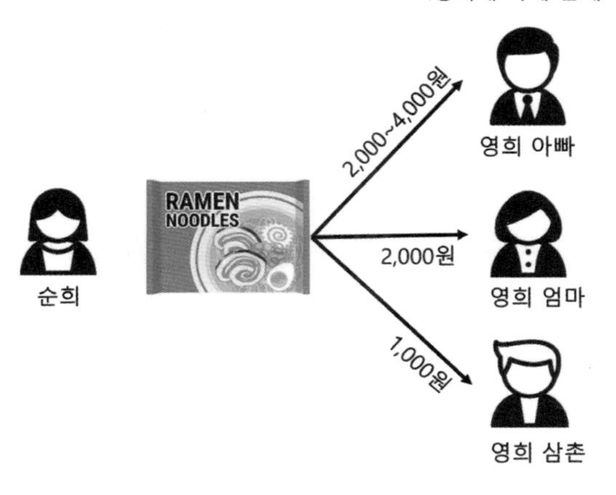

<그림 1-1> 영희네 가게의 판매자별 라면 값 (라면 그림 출처: 셔터스톡, 1743321332)

두번째 이야기

같은 동네에 순희가 살았다. 순희 역시 영희네 가게에서만 라면을 산다. 집에서 제일 가깝기 때문이다. 그런데 순희는 그 가게 라면은 팔 때 마다 가격이 달라지는 것을 알았다. 영희 엄마는 항상 2,000원을 받는다. 영희 삼촌이 라면을 팔면 가격이 언제나 1,000원이었다. 그런데 순희가 제일 싫어하는 것은 영희 아빠 스타일이다. 영희 아빠는 갈 때 마다 라면 값을 다르게 받는데 어떤 날은 싸게, 어떤 날은 말도 안 되게 바가지를 씌운다. 순희가 알기로 라면 가격은 1,000원에서 비싸야 1,500원 내외다. 그래서 순희는 이제 영희 삼촌이 있는 요일에만 라면을 사러 간다. 영희 삼촌이 라면을 파는 날이면 저렴한 가격에 살 수 있고, 속을 일도 없다.

여러분이라면 누구에게 라면을 사고 싶은가?

각 이야기가 갖는 의미를 표준과 연결하면 다음과 같다. 특히 첫번째 이야기 속 영희 아빠를 제품 제조자, 공급자, 연구자로 비유하면 이런 해석이 가능하다.

• 첫번째 이야기
- **영희 아빠**(제조자): 품질이 균일하지 않음, 생산과정의 일관성 없음, 동종업계 기준을 벗어남.
- **영희 아빠**(공급자): 공급 기준이 균일하지 않음, 공급가격의 일관성 없음, 동종업계 기준을 벗어남.
- **영희 아빠**(연구자): 연구의 재현성 없음, 연구결과의 일관성 없음, 연구 결과값이 참조 범위를 벗어남.

• 두번째 이야기
- **영희 아빠**: 행위의 재현성 없음, 결과의 일관성 없음, 가격이 참조 범위(1,000~1,500원)를 벗어남.
- **영희 엄마**: 행위의 재현성 있음, 결과의 일관성 있음, 가격이 참조 범위(1,000~1,500원)를 벗어남.
- **영희 삼촌**: 행위의 재현성 있음, 결과의 일관성 있음, 가격이 참조 범위(1,000~1,500원) 내에 있음.

그런데, 라면 판매 가격이 만약 인류의 안전과 생명에 관한 것이라면 어떻겠는가? 가는 곳마다, 할 때마다 기준과 결과가 달라진다고 한다면 매우 심각한 혼란을 초래하게 된다. 어디 이것뿐이겠는가? 지금은 한 나라에서 생산된 제품과 서비스로만 살기 어려운 세상이 되었다. 사람들은 자신이 사는 곳을 떠나 전 세계를 돌아다니고 있다. 이

민, 이사, 여행, 출장을 포함해서 다른 나라와 지역에 방문하거나 체류하게 되는데, 필수 생활용품의 부품이나 규격이 천차만별이라면 큰 불편을 겪는 것뿐만 아니라 소비도 증가한다.[1]

사람들이 공동으로 사용하는 물건들이 점점 더 세계화되고 있다. 그렇기 때문에 부품, 컨테이너, 통신기술의 표준화가 이뤄진 것이 결코 우연이 아니다. 지구상 어디서나 호환되고, 통용될 수 있으려면 공통된 표준이 마련되어야 한다. 여러 사람과 나라들이 참여해서 모두가 함께 쓰기 위한 최고의 모범을 만들고, 어디를 가나 이 모범적인 기준을 편리하고 안전하게 재사용하고자 하는 것이 표준제정의 철학이다. 표준이 없다면 지구는 공산품의 부품과 구매 비용을 조달하느라 자원 낭비가 극심할 것이다. 표준은 단기적으로는 사용자의 편의를 도모하고 무역의 기준이 되며, 궁극적으로는 지구 자원의 무한 소비와 낭비를 억제한다.[2]

또한 표준은 사회질서 유지를 위한 필수 공공재이다. 공정하고 투명한 규범을 만들어 모두가 향유하므로 편리성은 극대화되고, 불예측성은 최소화된다. 이런 측면에서 본다면 표준은 여러 이해관계자들 간 사회질서 유지에 필요한 데이터, 정보와 지식을 공유하는 체계적인 기술이다. 이 세상에 있는 우리 모두는 표준 개발자이거나 사용자이다. 예외는 없다. 그럼에도 자신의 전문분야에서 처음으로 표준화 필

---

1 당장 북미와 유럽으로 출장을 가려면 어댑터만 해도 2~3개를 준비해야 한다. 만약 세계 일주를 한다 치면 최대 14개의 어댑터를 챙겨야 한다. 최근에는 하나의 어댑터로 사용 가능한 제품이 나왔지만 부피가 크고, 밀착이 되지 않아 불편하긴 마찬가지이다.

2 표준 건전지가 없다면 어떻게 될까? 모든 제조사가 제각각 크기와 모양을 만들어낼 것이다. 건전지로 충전해야만 작동하는 모든 전자제품은 비표준화로 인해서 각 제조사 제품에 맞는 건전지를 구매해야 하는 번거로움이 발생한다. 마우스의 예를 들어보자. 출장을 갔을 때 자신이 갖고 있는 마우스의 건전지 수명이 다 되면 해당 국가에서 그 마우스에 딱 맞는 건전지를 구하기 어렵게 되고, 급기야 새 마우스를 구매해야 한다. 귀국한 후 해외에서 산 마우스에 장착된 건전지가 수명이 다하면 다시 새로운 마우스를 사야한다. 이것이 건전지와 마우스뿐만 아니라 전 산업분야에 보편적인 현상이라면 이는 엄청난 비효율이고, 자원 낭비이다.

요성을 느끼게 된 사람이 스스로에게 던지는 질문은 아마도 "이것도 표준화 대상이 되나?"일 것이다. 예술, 음악, 문화와 같이 독창성이 고귀한 가치를 발휘하는 분야를 제외하고는 사실 세상 거의 모든 것이 표준화 대상이다. 2021년 현재 이 세계에는 77억 명의 인구가 살고 있는데 표준은 우리를 편리하게 이어준다. 갈수록 분업화되고 전문화된 사회에서 표준은 서로를 이어주는 기준이 된다.

표준화된 게 이렇게 많다고?

어떤 주제가 표준화 대상인가에 대한 독자들의 이해를 돕기 위해 예시를 들고자 한다. 다음에서 제공하는 표준 중 일부는 민간 중심으로 개발되어 시장에서 광범위하게 사용되는 사실상 표준이다. 일부는 ISO, IEC, ITU와 같은 공식표준화기구에서 다년간의 투표 과정을 거친 후 제정되는 공식 규격, 즉 국제표준에 속한다.

다이아몬드의 품질

여행자의 돌멩이

과거에 가는 곳마다 핍박받던 민족이 있었다. 이 민족은 2천 년 동안 자기 나라가 없었다. 조국이 없어 다른 나라에서 살다가 추방될 때면

돈이나 금 반출이 금지되었고, 이를 위반할 경우 영락없이 사형에 처해지기도 했다. 이들은 한 곳에 정착해 살다가도 위협을 느끼면 또다시 그 지역을 떠나야 했다. 자신들의 의지와 상관없이 떠돌이 생활을 계속 했다. 그들을 배척했던 유럽 국가 대부분은 그들이 신의 아들 예수를 죽였기 때문이라고 이유를 정당화했다.

1492년 스페인에서 추방당해서 나올 때도 그들은 돈 대신 돌멩이를 품고 나왔다. 다른 나라로 건너갈 때 화폐를 가져간다 하더라도 환전이 안되기에 무용지물이었고 또 현금을 소지한 것을 들키면 뺏기거나 사형당하기 때문이었다. 이윽고 뉴욕이나 다른 지역에 정착하면 거기서 마침내 그 돌멩이를 깎아서 생계를 이어갔다. 이 돌멩이는 깎으면 깎을수록 빛이 났고 부자에게 팔아 현금을 확보할 수 있었다. 이 여행자들이 바로 세계 보석 산업을 움직이고 있는 유대인들이었고, 이들을 살린 그 돌멩이가 바로 다이아몬드이다.

비싸디 비싼 다이아몬드

"당신을 영원히 사랑합니다." 다이아몬드는 생애 한 번 영원한 사랑을 약속하는, 결혼식에서 가장 빛나는 보석이다. 다이아몬드는 그 순수하고도 찬란한 빛으로 인해 많은 사람들에게 사랑받아 예물로도 인기가 높고 가격도 비싸다. 아름답지만 희소하고, 보석 중 가장 경도가 뛰어나기 때문이다. 그런데 다이아몬드의 영롱한 아름다움을 누구나 동의 가능한 수준으로 측정하는 것이 가능할까? 대답은 '그렇다'이다. 그렇다면 아래 여러 다이아몬드 중 당신이 가장 아름답다고 생각하는 다이아몬드는 무엇인가? 그리고 그렇게 생각하는 이유는 무엇인가?

저마다 다이아몬드의 아름다움을 평가하는 기준이 다를 것이다. 아마도 어떤 사람은 다이아몬드가 얼마나 반짝이는가에 따라 높은 점수

<사진 1-2> 다양한 다이아몬드 (출처: 셔터스톡, 1105317413)

를 줄 것이다. 어떤 사람은 다이아몬드 크기가 그 가치를 결정한다고 생각할 것이다. 또 어떤 사람은 컷팅이 우수하다면 얼마든지 비싼 가격을 지불할 의향이 있을 것이다. 어떤 이는 다이아몬드가 얼마나 투명한 지가 아름다움을 결정하는 가장 중요한 요소라고 생각할 수 있다. 저마다 생각하는 다이아몬드 품질 지표가 다 다르다. 그런데, 다이아몬드의 가치를 과학적으로 측정하는 표준이 이미 개발되어 전 세계에서 황금기준으로 사용되고 있다.

로버트 시플리(Robert M. Shipley)의 등장

다이아몬드의 품질 평가를 위한 표준은 미국 GIA(Gemological Institute of America) 설립자 로버트 M. 시플리(Robert M. Shipley)에 의해서 완성되었다. 그는 1940 년대 초, 미국에서 보석 산업의 전문화를 위해서 헌신한 교육자이자 기업가였다. 보석류의 판매 과정에서의 잘못된 정보를 바로잡기 위해 노력하였고, 보석을 사고 파는 데 있어 더 향상된 지식과 윤리가 필요함을 인지한 혁신가이기도 했다. 그가 표준의 중요성을 깨닫고 마침내 다이아몬드 품질 평가기준을 개발하게 된다. 바로 다이아몬드 4Cs가 로버트 시플리가 만든 품질 평가 기준이다. 4Cs는 Cut(연마), Clarity(투명도), Carat(중량), Color(색)을 말한다.

다이아몬드 품질 측정의 역사는 로버트 시플리가 다이아몬드 품질을 측정할 수 있다고 확신한 것에서 비롯된 것이다. 문제를 인지함과

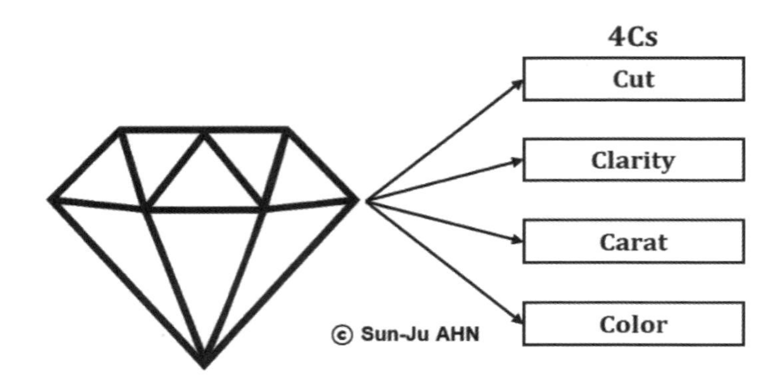

<그림 1-3> 다이아몬드 품질 척도(4Cs)의 구성요소 (출처: 저자)

동시에 과학적인 절차를 시도하므로 마침내 다이아몬드 등급을 공신력 있게 표기하는 척도를 개발하는 쾌거를 이뤘다. 그는 다이아몬드의 투명한 거래를 위한 과학적 방법을 당대 사람들뿐만 아니라 전 인류에게 보급한 것이다.

그렇다면 4Cs의 측정방법을 살펴보자. 로버트 시플리는 다이아몬드 품질 측정을 위해 4Cs(Cut, Clarity, Carat, Color)의 하위 수준에 해당하는 세분화되고 명쾌한 척도를 개발해서 사용했음을 알 수 있다.[1] 다시 말해 4Cs라는 범주로 대표되는 다이아몬드의 품질 측정 요소는 좀 더 상세하고, 작은 단위의 하위 척도를 가지고 있다. 즉 1:N의 지표로 구성된다. Cut은 밝기, 광택, 내구성, 대칭 등 7가지[2], Clarity는 결함 유무를 판단하는 11가지, Carat은 중량을, Color는 투명한 색인 D부터 시작해

1 https://4cs.gia.edu/en-us/4cs-diamond-quality/

2 https://4cs.gia.edu/interactive-4cs/cut/index.html

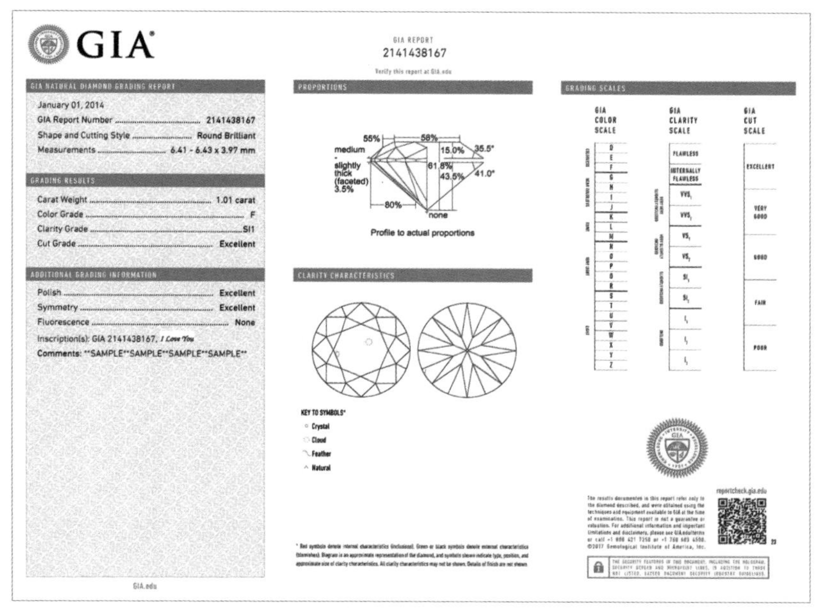
GIA

GIA NATURAL DIAMOND GRADING REPORT

January 01, 2014
GIA Report Number 2141438167
Shape and Cutting Style .... Round Brilliant
Measurements .... 6.41 - 6.43 x 3.97 mm

GRADING RESULTS

Carat Weight .... 1.01 carat
Color Grade .... F
Clarity Grade SI1
Cut Grade .... Excellent

ADDITIONAL GRADING INFORMATION

Polish .... Excellent
Symmetry .... Excellent
Fluorescence .... None
Inscription(s): GIA 2141438167, I Love You
Comments: **SAMPLE**SAMPLE**SAMPLE**SAMPLE**

GIA.edu

GIA REPORT
2141438167
Verify this report at GIA.edu

PROPORTIONS

55%
58%
medium - slightly thick (faceted) 3.5%
15.0%
35.5°
61.8%
43.5%
41.0°
80%
none
Profile to actual proportions

CLARITY CHARACTERISTICS

KEY TO SYMBOLS*
Crystal
Cloud
Feather
Natural

GRADING SCALES

GIA COLOR SCALE
D E F G H I J K L M N O P Q R S T U V W X Y Z

GIA CLARITY SCALE
FLAWLESS
INTERNALLY FLAWLESS
VVS1
VVS2
VS1
VS2
SI1
SI2
I1
I2
I3

GIA CUT SCALE
EXCELLENT
VERY GOOD
GOOD
FAIR
POOR

reportcheck.gia.edu

<그림 1-4> 다이아몬드 감정서의 예 (출처: GIA 홈페이지[3])

서 노란색을 뜻하는 Z로 끝나는 23개의 하위 척도를 포함한다.

시사점

그렇다면 4Cs 표준이 가져온 효과는 무엇이었을까? 보석업계 자료에 의하면 이 표준이 없었을 때는 도매업자 대부분이 다이아몬드를 평가할 때 '희귀한 흰색'이라든가, 아니면 '최고의 투명함'이라든가 하는 모호한 용어를 사용했다. 즉, 일관된 기준은 없었다.[4] 또 소매업자는 소비자에게 색상 품질을 전달할 때 판매 촉진을 위해서 'A', 'AA' 및

3 https://www.gia.edu/analysis-grading-sample-report-diamond

4 https://4cs.gia.edu/en-us/blog/history-4cs-diamond-quality/

'AAA'와 같이 다른 업체와 경쟁적인 분류법을 사용하였다. 물론 과학적 근거는 전혀 없는 일방적인 주장이었다. 왜냐하면 보석 판매업자들 사이에 어느 정도의 품질을 'A'등급이라고 매길 것인가에 대한 합의가 없었기 때문이다.

4Cs가 없었다면 보석감정사와 기업에 따라 천차만별로, 소위 '부르는 게 값'인 세상일 게다. 소비자는 4Cs가 있어서 적정 가격으로 다이아몬드를 살 수 있고 도매업자는 소매업자와 동일한 기준으로 거래 할 수 있다. 소매업자는 소비자에게 임의적인 기준이 아닌 국제적으로 공인된 품질 등급을 제시할 수 있게 되었다. 불필요한 시장 왜곡이 없어지게 되고 누구나 명쾌한 기준을 갖게 된 것이다.

GIA가 도입한 용어는 전 세계 보석 산업에 채택되었다. 로버트 시플리가 개발한 4Cs는 다이아몬드의 색상, 선명도, 컷 및 캐럿을 정확하게 표기해서 전세계가 사용하는 감정 평가 기준이자 가격 책정 기준이다. 그렇다면 GIA는 표준의 창시기관으로 어떤 편익을 누리고 있을까? 4Cs 기준에 따라 다이아몬드를 채점하는 장비와 절차를 독점적으로 소유해 명성과 인지도를 누리고 있다.

이 인상적인 다이아몬드 4Cs기법이 오늘의 연구자들에게 주는 시사점은 무엇인가? 당시 사람들 대부분은 다이아몬드의 아름다움, 곧 품질을 측정할 수 있으리라곤 생각하지 못했다. 측정기법을 고안하고 표준화해서 이를 전 세계 보석상이 공유하리라고는 상상조차 하지 못했을 것이다. 그래서 다이아몬드는 오랫동안 그저 부르는 것이 값이었고, 구매자가 지불 의향만 있으면 거래가 성사되는 것이었다. 그런데, 이것을 문제라고 생각한 사람이 있었다. 반드시 해결해야 할 과제라고 생각한 한 사람이 나타나서 질서를 만든 것이다. 아무런 기준 없이 다이아몬드에 A, AA, AAA를 붙이고 모호한 말로 소비자를 현혹하는 것을 보고 로버트 리플리가 문제라고 인식한 것, 그리고 이 문제를 해결할 수 있다고 깨닫는 것에서 그치는 것이 아니라 표준화된 기법을 시도하고 고안해 낸 것이 혁신의 시작이었다. 누가 알겠는가? 이 글을 읽고 있는 사람이 한 분야의 로버트가 될 수 있을지!

병뚜껑 설계하기

쓰나미와 생수

병뚜껑 크기는 다 똑같을까? 쓰나미 소식을 들으면 저자가 본능적으로 하는 질문이다. 저자가 병뚜껑에 관심을 가지게 된 계기는 2011년 일본 쓰나미 때 '생수병 하나 증산 못하는 일본, 반성합니다'라는 제목의 한 일간지의 기사[1]를 접하고 나서다. 병뚜껑이 뭐라고… 평소에 보건의료분야 국제표준을 직접 만드는 사람이지만 병뚜껑에는 솔직히 전혀 관심이 없었던 터였다. 그 기사 덕분에 응급 상황에서 생필품 표준이 얼마나 중요한지를 명확히 인지하게 된 것이다. 최근에는 환경문제로 플라스틱 제품 사용을 자제하고, 또 사용한 페트병이라고 하더라도 재사용하기 위해 애쓴다. 평소에 하찮은 병뚜껑이라도 표준화를 시켜 놓으면 재난 상황에서 큰 도움이 된다. 생수의 원활한 공급으로 갈증을 해소한다. 생명을 보존하는 것은 물론이요, 자원 순환으로 지구를 보존하는 효과를 발휘한다.

---

1 조선일보(2011. 5. 16). 3•11 대지진 2개월… 日 자성의 목소리 거세, 생수 병뚜껑이 모자라… 표준화 소홀 뚜껑만 200여종, 생수 만들어놓고도 속수무책. https://www.chosun.com/site/data/html_dir/2011/05/16/2011051600227.html7

윌리엄 페인터(William Painter)의 왕관 병뚜껑

일본 쓰나미가 있은 지 4년 후인 2015년에 미국 애틀랜타의 코카콜라 박물관 앞에서 커다랗고 빨간 병뚜껑을 만났다. 그 큰 병뚜껑 모형은 코카콜라 박물관 안내 코너의 비와 빛을 가려주고 있었다. 박물관 안에서는 코카콜라의 탄생부터 제조과정을 볼 수 있는데, 방금 눈 앞에서 제조된 신선한 콜라를 바로 맛보는 기회도 있었다. 콜라의 상큼하고 톡 쏘는 맛! 기가 막혔다. 이 맛을 유지하려면 반드시 병 입구를 빈틈없이 막아줄 꼭 맞는 뚜껑이 필요하다. 김이 새면 맛이 없고 맛없으면 톡 쏘는 맛을 기대한 사람을 김새게 만든다. 탄산음료의 톡 쏘는 맛을 유지하기 위해 플라스틱이 아닌 왕관 모양 금속 뚜껑을 사용한다. 그렇다면 이 뚜껑은 언제 개발되었을까?

<그림 1-5> 미국 애틀란타 코카콜라 박물관 앞 안내 센터의 병뚜껑 (출처: 저자)

1880년대에도 병에 든 탄산 음료는 이미 인기가 있었지만 병뚜껑에 문제가 있었다. 음료를 충분히 밀봉하지 않아 액체와 탄산 가스가 누출되기 때문에 신뢰성이 부족했다. 음료가 상하는 것을 막기 위해 윌리엄 페인터는 1892년 왕관 병뚜껑(Crown bottle cap)을 발명하였다.[1]

왕관의 위력

그런데 병뚜껑만 왕관이면 무슨 소용이 있을까? 병 입구가 그 왕관 크기에 맞춰져야만 한다. 그는 단순히 왕관 병뚜껑을 개발한 데서 그치지 않았고 표준화를 위해 조직적으로 움직였다. 병 제조업자를 만나서 병마개와 병 입구의 규격을 맞춘 것이다. 병 제조업체를 찾아간 그의 노력은 헛되지 않았고 마침내 대량생산의 길을 열었다. 제조업체들과의 협력은 윌리엄의 왕관 병뚜껑을 전 세계의 탄산음료 마개로 사용되는 계기가 되었다. 그는 여세를 몰아 뚜껑을 제조하는 데 필요한 모든 기계를 발명하고 특허를 획득했고 이를 마케팅하기 위해 1892년에 크라운 '코르크와 씰 회사'를 시작했다. 이후 소재 기술의 발전으로 왕관 병뚜껑이 개선되었다. 코르크 디스크는 PVC 재료로 대체되었고 톱니는 24개에서 21개로 감소했다. 병 크기와 상관없이 전세계에서 사용되는 왕관 병뚜껑 둘레의 톱니 수는 21개로 모두 똑같다. 톱니 수가 적으면 뚜껑이 병 내부에 있는 탄산 압력을 견디지 못해 스스로 열려서 탄산을 병 안에 완벽하게 밀봉하기 어렵고, 톱니 수가 너무 많으면 뚜껑을 따기 어려운 데다, 억지로 여는 과정에서 병이 깨지는 경우가 많았다. 왕관 병뚜껑의 높이는 1960년대 독일 표준 DIN 6099에서 축

1 https://www.invent.org/inductees/william-painter

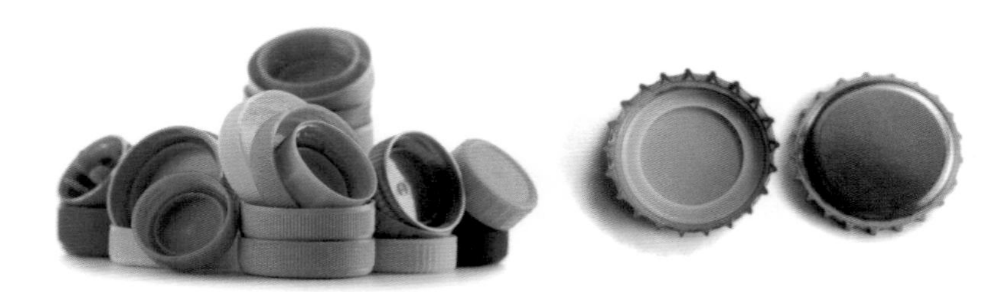

<그림 1-6> 플라스틱병 용 병뚜껑(좌)과 유리병 용 왕관 병뚜껑(우)
(출처: 셔터스톡 , (좌)366730964, (우)1679601256)

소되어 지정되었다.[1] 윌리엄 페인트가 개발한 왕관 병뚜껑 덕분에 오늘날 인류가 톡 쏘는 맛의 청량한 탄산 음료를 마음껏 즐기게 된 것이다.

우리는 앞에서 쓰나미 상황에서 병뚜껑이 제각각이라 생수의 증산에 실패하고, 품귀 현상으로 값이 치솟은 사례를 보았다. 당시 쓰나미 발생 지역 주민들이 이로 인해 엄청난 고통을 당했으리라. 지금은 나아졌겠지만 당시 일본에는 200여종의 생수 병뚜껑이 존재했다. 병뚜껑만 똑같았어도 원활한 생수 공급이 가능했을 것이다.[2]

시사점

평소 일상에서 불편함을 느끼는 부분이 있는가? 본인의 연구나 업무에서 꼭 해결되었으면 좋겠다고 생각하는 공정 혹은 문제(제품 품질, 제조과정, 절차, 용어, 측정 기법 등)가 있는가? 윌리엄 페인터는 탄산음료에

1 https://brookstonbeerbulletin.com/historic-beer-birthday-william-painter/

2 산업통상자원부 국가기술표준원 바이오화학서비스표준과에 따르면 우리나라에서도 병뚜껑 표준화를 시도한 적이 있었지만 우리나라는 몇 개의 제조업체가 업계표준으로 생수병을 생산하고 있기 때문이라고 한다. 또한 생수병을 재활용하면 세균 등 오염문제가 있기 때문에 제정되지 않았다(저자 확인: 2021. 2.22)

제대로 된 뚜껑이 없어 발생하는 문제를 해결했고, 발명을 표준화해 특허로 보호받았다.

이 글을 읽는 독자 중에는 혹시 국제표준을 만들면 해당 기술과 비법을 모두 공개해서 손해라고 생각할 수도 있다. 국제표준화기구(ISO) 및 국제전기기술위원회(IEC)는 모든 표준문건의 앞 부분에 위치한 '도입(Introduction)'에서 해당 표준에 특허 내용이 포함할 수 있다는 사실을 선언하고 있다. 표준이 공개의 성격이라면 특허는 지적 재산권 보호 목적이므로, 사실 그 성격이 상충된다. 이에 ISO와 IEC는 특허권 보유자가 표준 실시권자와 라이선스를 협상할 의사가 있음을 보증한다는 사실을 선언한다. 또한 표준특허권 소유자가 작성한 진술서는 ISO와 IEC웹사이트에서 공개한다. 공개 형태는 특허DB[3]에 접속해서 해당 표준관련 특허를 조회하는 방식이다.

1904년 볼티모어의 소화전

볼티모어 대화재

앞서 우리는 물을 담는 뚜껑 규격을 살펴보았다. 이제 규격이 달라 불을 막지 못한 사례를 소개할 것이다.

코로나19가 대유행하기 전 저자는 거의 매년 가을에 미국 메릴랜드주 볼티모어시로 출장을 갔었다. 국제회의에 참석하기 위해서이다. 볼티모어시는 깨끗한 하늘과 아름다운 항구가 유명하다. 볼티모어시는 워낙 풍광이 아름다워서 회의가 일찍 끝나는 날에는 저자를 비롯한 회

3 www.iso.org/patents

<그림 1-7> 화재로 소실된 볼티모어 시(1904년)와 현재 모습(2018년)[1]
(출처: 좌(https://www.reddit.com/user/ultramegamike/), 우(2018년 볼티모어 시) 저자 촬영.)

의 참석자들이 서점에 가서 책도 보고 푸른 하늘과 시원하게 탁 트인 바다를 감상하곤 했다. 그런데 오프닝 발표에서 종종 등장하는 사진이 있다. 위에 사진은 폐허가 된 볼티모어 사진이다. 모든 것이 평화로워 보이는 이 도시는 1904년에 시 전체가 전소되는 대형화재가 났던 것으로 유명하다.

당시 기록에 의하면 이 불은 2월 7일 일요일 오후, 시내에 있는 존 허스트 앤 컴퍼니 마당에 떨어진 담배에 의해 시작되었다. 처음엔 금방 불을 끌 수 있을 것으로 예상했으나 몇 시간 후에는 도시 전체를 삼킬 기세였다. 이 소식을 듣고 인근 도시에서 진화를 돕기 위한 물품들이 열차로 운송되고, 소방차가 속속 도착했다. 하지만 안타깝게도 인근 도시에서 가져온 소방용 호스는 볼티모어 시내에 깔려 있는 소화전과 맞지 않았다. 불이 계속 번져 나가고 있을 때 워싱턴 DC, 알투나, 아나폴리스, 해리스버그, 뉴욕, 필라델피아 등 인근 도시와 마을의 소방호스 회사들도 속속 도착했다. 그런데, 그 호스 중 일부만 볼티모어 소화

1 1904년과 2018년에 촬영한 볼티모어 해안가 사진의 좌측에 보이는 굴뚝 달린 건물은 발전소(The Power Plant)이다. 이 건물은 화재 속에서도 살아남았다. 이후 상업시설로 개조되었고, 최근까지도 반스앤노블(Barnes & Noble) 서점이 있었다. 이 서점은 1998년에 개점하여 22년 간 운영되다 2020년에 문을 닫았다.

전과 연결이 되었고, 다른 것들은 사이즈가 달라 연결이 불가능했다.

그래서 이 대화재는 불이 난지 30시간이 넘어서야 진화되었다. 1,231명의 소방수, 58개의 엔진, 9개의 트럭, 2개의 소방 호스 회사 등이 동원된 대대적인 진압 작전이었지만 1,526개의 어마어마한 빌딩이 전소되었고 2,500개의 회사와 은행이 불 속으로 사라졌다. 인명 피해는 한 사람이었는데, 그는 제임스라는 소방수로 화재로 인한 부상으로 며칠 후 사망하였다.[2]

또 하나의 사건

우리 생각으로는 볼티모어 대화재가 미국 소화전의 표준화 계기가 되었을 것 같지만 그렇지 않다. 당시 문헌을 보면 볼티모어 대화재 이후에도 미국이 소화전, 호스, 이 둘을 연결하는 스레드를 즉각적으로 표준화하지는 않았는데 그 이유는 갑자기 제조 공정과 제품 규격을 일시에 바꾸는 것은 제조사에게 엄청난 비용이 발생하기 때문이다. 오늘날과 같이 그때도 표준 적용이 강제사항이 아니었기 때문에 제조사들이 꼭 바꿀 이유도 없었던 것이다.

미국 소화전 표준화는 사실 볼티모어 화재 이후 또 다른 화재사건이 일어난 후에야 비로소 본격적으로 시작되었다. 미국 국립표준기술연구소(National Bureau of Standards, NSB)[3] 소속 직원인 프랭클린은 작은 불이 났을 때, 남쪽과 북쪽에 있는 회사의 소화전 호스가 달라서 연결이

---

2 Seck, M. and Evans, D.(2004), Major U.S. Cities Using National Standard Fire Hydrants, One Century After the Great Baltimore Fire, NIST Interagency/Internal Report(NISTIR), p.7. https://tsapps.nist.gov/publication/get_pdf.cfm?pub_id=861321(Accessed May 10, 2021).

3 1901년 미국 상무부 산하에 조직된 국립 표준국으로 측정, 정보 처리 등 각 분야의 표준, 시험 등에 대한 연구 및 연방 정부 표준 제정과 같은 업무를 수행하는 기관이다. 1988년에 미국 국립 표준/기술 연구소(NIST)로 바뀌었다(출처: 한국정보통신기술협회, 정보통신용어사전).

불가능하다는 사실을 알았다. 이를 계기로 1905년에 이르러 소화전 규격이 표준화되었다. 미국의 표준 소화전(호스와 펌프의 연결 규격)은 인치당 스레드(소화전을 잇는 부분)가 7.5개 있는 2.5인치 호스 연결 노즐 2개와 인치당 스레드가 4개인 4.5인치 펌프 연결 노즐 1개이다.[1]

미국 국립표준기술연구소의 공식 문서에 의하면 이제 아래 그림의 양측면에 보이는 두 개의 노즐에 연결하는 호스 라인은 거의 모든 도시에서 국가 표준을 사용 중인 것으로 나타났다. 하지만 아래 그림 앞부분의 펌프는 일부 도시에서 여전히 자체 기준을 사용 중이다.

현재 미국의 소화전 규격

미국은 당시에 소방 호스와 소화전 규격이 제조사마다 다 달랐다. 기록에 의하면 1904년 당시 미국 전역에는 600개가 넘는 소화전-호스 규격이 있었다. 미국에서 첫 번째 소화전은 조지 스미스(George Smith)가 1817년에 만든 것이었고 그는 자신이 디자인한 소화전을 특허로 등록하였다. 이로 인해 다른 제조자들은 조지 스미스와는 다르게 소화전을 디자인하고 제조해야 했다. 이러한 제품의 다양성은 대형 화재 상황에서 재산과 인명 피해를 불러오게 되었다. 소화전이 만들어진 지 87년이 지난 1904년에도, 규격이 달랐기 때문에 볼티모어 대화재를 막지 못한 것이다.

<그림 1-8> 미국 표준 소화전
(출처: 셔터스톡, 38285614)

1 Seck, M. and Evans, D.(2004), Major U.S. Cities Using National Standard Fire Hydrants, One Century After the Great Baltimore Fire, NIST Interagency/Internal Report(NISTIR), p.7. https://tsapps.nist.gov/publication/get_pdf.cfm?pub_id=861321(Accessed May 10, 2021).

쓰나미, 지진, 화재 등과 같은 재난상황에서 필수 물자의 긴급 동원은 피해를 최소화할 수 있는 수단이다. 생필품과 필수 자원이 표준화될수록 응급상황에서 조달이 쉬워질 것이다.

신용카드와 교통카드

스웨덴 예테보리와 독일 베를린

신용카드와 현금을 생각하면 스웨덴 예테보리와 독일 베를린, 이 두 도시가 떠오른다. 예테보리는 현금을, 베를린은 카드를 잘 받지 않는 것을 경험했기 때문이다. 스웨덴은 유럽에서 가장 먼저 지폐를 발행한 나라다. 1661년 지폐 발행을 선도한 뒤 현금 없는 사회를 만드는 데에도 앞장서고 있다. 2018년 4월 예테보리를 방문했을 때 실제로 현금을 잘 받지 않는 것을 느꼈다. 최근 보도에 의하면 디지털화폐 발행도 추진 중이다. 빠르게 행동하는 국가라는 생각이 든다.

반면 베를린에서는 커피를 마시려면 현금이 필요했다. 슈퍼마켓에서는 카드로 결제가 가능했지만 카페에서는 불가능했다. 베를린을 방문한지 몇 년이 지났으니 지금은 상황이 많이 달라졌을 것이라 생각한다. 하지만 전 세계에서 통용되고 있는 신용카드를 안 받은 베를린 카페들이 그 당시 매우 신기하게 생각되었다. 환전을 할 필요 없고 카드 가맹점 어디서나 결제가 가능하기 때문에 신용카드는 매우 편리한 결제수단이다. 이유는 ISO에서 신용카드 규격을 통일했기 때문이다.

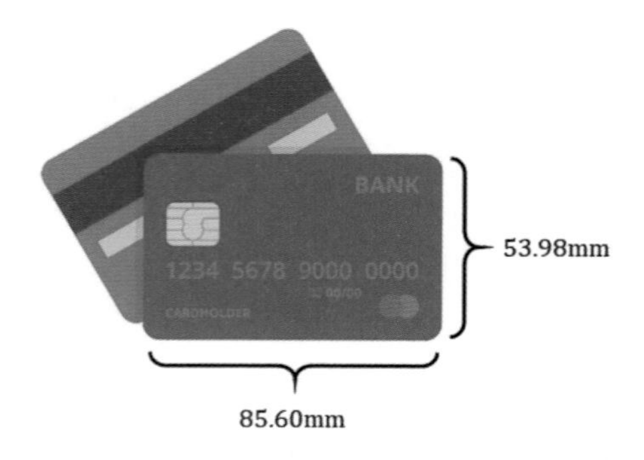

<그림 1-9> 신용카드 표준 규격 (출처: 셔터스톡 이미지(691408513)에 숫자 기록)

신용카드 규격

우리가 사용하는 신용카드 규격은 'ISO/IEC 7810: 2019 식별 카드 — 물리적 특성'으로 전 세계 어디서나 동일하다. 이 표준은 신분증의 특징과 카드 재료, 구조, 특성을 다룬다. 또한 네가지 카드 크기를 제시한다. 물리적 특성이란 식별 카드 크기, 신분증의 구성 및 재료, 가연성, 독성, 치수 안정성, 접착 또는 차단, 뒤틀림, 내열성, 표면 왜곡 및 오염과 같은 특성을 말한다. 또한 식별에 사용되는 카드와 카드 인터페이스 장치, 사용자와 제조 측면을 고려한 최소 요구 사항, 성능에 대한 기준을 포함한다. 이 국제표준에 의해 신용카드 사이즈는 85.60×53.98mm에 맞춰져 있고 두께는 0.76mm이다.

이 규격은 주민등록증, 운전면허증, 신분증, 현금카드, 신용카드 및 교통카드의 가로와 세로 길이에 적용된다. 모든 국제 표준은 5년마다 개정된다. 신용카드 규격 표준의 최신 개정판은 2019년에 발간되었으며, 〈그림 1-10〉 왼쪽에 나와 있는 이전 버전들은 철회(withdrawn)된 상태이다.

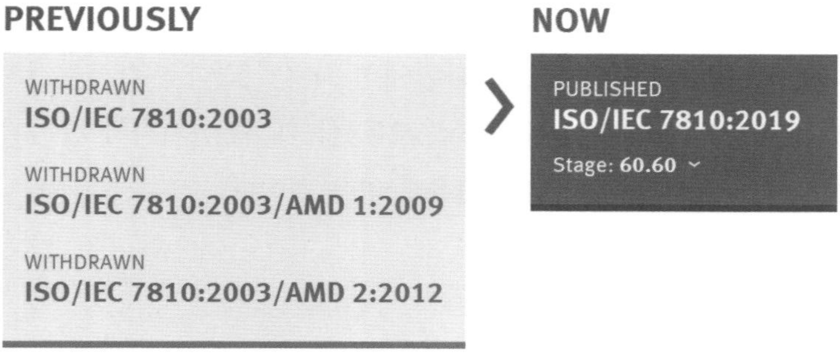

PREVIOUSLY

WITHDRAWN
ISO/IEC 7810:2003

WITHDRAWN
ISO/IEC 7810:2003/AMD 1:2009

WITHDRAWN
ISO/IEC 7810:2003/AMD 2:2012

NOW

PUBLISHED
ISO/IEC 7810:2019
Stage: 60.60

<그림 1-10> 카드 규격 관련 국제표준 (출처: ISO홈페이지)[1]

교통카드 규격

우리나라에서 교통카드가 처음 등장한 것은 1996년으로, RFID를 이용한 다양한 카드가 발행되었다. 하지만 출퇴근 반경이 넓고 지역 간 이동이 증가함에 따라 지역이 달라지면 교통카드를 바꿔 사용해야 해서 불편했다. 이에 소비자의 불편함을 최소화하고 관련 산업의 과잉 경쟁과 투자 문제를 해결하기 위해 산업통상자원부 국가기술표준원에서는 관련 표준을 고시하였다.[2] '비접촉식 전자화폐 단말기용 지불에 관한 4종의 규격 개정고시(2006-0620호)'와 '선불 IC카드와 카드용 지불단말기에 대한 9종의 규격 제정고시(2006-0618호)'가 그것이다. 이로써 우리나라는 전국의 교통카드를 연결하는 쾌거를 이뤘다. 지역별로 호환이 안되었던 문제점이 사라졌고, 지하철과 버스 등 대중교통 환승 시에도 소비자가 매우 편리해졌다.

---

1 https://www.iso.org/standard/70483.html

2 교통신문(2006.11.15). 교통카드 한 장으로 전국 호환. http://www.gyotongn.com/news/articleView.html?idxno=6552

그런데, 국외에서도 신용카드로 교통비를 지급할 수 있으면 얼마나 편리할까? 출장이나 여행 중인 나라에서 지역별 지하철 카드를 구매할 필요가 없다. 버스 요금을 달러로 지불했는데, 운전기사가 잔돈이 없다면서 거스름돈을 주지 않는 경우도 없을 것이다.

시사점

만약 신분증과 신용카드 규격이 없었다면 어땠을까? 제조사별로 각양각색의 카드가 나왔을 것이다. 제조사별로 제작된 카드에 따라 리더기 역시 달라야 한다. 카드 가맹점에는 여러 대의 리더기를 비치해야 한다. 소유한 카드를 특정 가맹점에서는 사용할 수 없는 일도 발생할 것이다. 여기서 그치지 않는다. 지갑 크기도 각 제조사의 신용카드에 맞춰서 제작되어야 할 것이다. 해외에 나가면 문제는 더 심각해진다. 여행이나 출장을 가는 사람이면 범용적으로 쓸 수 있는 카드가 없기 때문에 무조건 현금을 환전해야 안심이 될 것이다. 카드를 표준화했으므로 모두가 편리함을 누리고 있는 것이다.

직장인의 필수품, USB

케이블만 30개?

범용 직렬 버스(Universal Serial Bus, USB)는 컴퓨터를 사용하는 사람이면 누구나 하나 이상 가지고 있을 이동형 데이터 저장 장치이자 가장 일반화된 접속 장치이다. USB는 컴퓨터와 주변 기기를 연결하는 대표적인 입출력 표준 프로토콜이다. 이는 신용카드 한 장이면 전 세계에서 물건을 살 수 있는 것과 동일한 이치이다. 신용카드 역시 국제표준

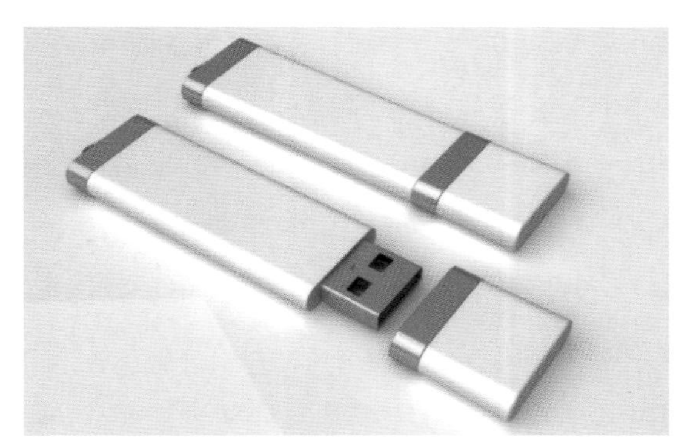

<그림 1-11> USB (출처: 셔터스톡, 306389339)

화기구에서 모든 국가가 함께 쓰기로 정한 규격 덕분에 오늘날 어디서나 결제가 가능하게 된 것이라 USB의 호환성은 신용카드의 범용성과 맞먹는 아주 성공적인 표준화 사례라고 할 수 있다.

이 단순하면서도 작은 USB는 어떻게 기기와 기기를 연결하는 표준이 되었을까? 1993년 이전에는 컴퓨터와 주변기기는 제조회사별로 제공하는 인터페이스 규격이 제각각이었다. 표준 규격이 없다 보니 호환이 되지 않아서 소비자는 불편을 겪었고, 서로 다른 장비를 연결하고자 하면 별도의 기기 혹은 장비를 사야 했고, 이 비용 역시 소비자가 부담해야 했다. 이러한 문제를 해결하기 위해 1993년에 공통 프로토콜에 대한 연구가 시작되었고, 1996년에 마침내 7개 업체의 공동 연구로 USB가 탄생하게 된다. USB는 이제 모든 컴퓨터 장치에서 일반화되어 USB 없는 세상을 상상하기 어렵다. USB 표준은 현재 USB 구현자 포럼(USB-IF)에 의해 유지·관리되고 있다.

USB 표준화의 효과를 정리하면 컴퓨터와 주변 장치 간 연결 방식이 단순화되었다는 것이다. USB 사용자는 이 작은 기기가 하드웨어 및 소프트웨어와 어떻게 연동되는지 알 필요가 없다. 그냥 필요한 기기에 연결하기만 하면 된다. 데이터의 입출력은 물론이고, 키보드, 마우스, 케이블, 커넥터 및 컴퓨터, PC주변 장치 간 연결방식이 일원화되었다. 입력 장치는 마우스, 키보드, 이미지 스캐너, 바코드 리더, 디지털 카메라, 웹 카메라, 읽기 전용 메모리와 같은 데이터 또는 지침을 컴퓨터에 전송한다. 출력 장치는 컴퓨터 모니터, 프로젝터, 프린터, 헤드폰 및 컴퓨터 스피커와 같은 컴퓨터의 출력을 제공한다. 입출력 장치는 컴퓨터 데이터 저장 장치(디스크 드라이브, USB 플래시 드라이브, 메모리 카드 및 테이프 드라이브 포함), 네트워크 어댑터 및 다기능 프린터와 같은 입력 및 출력 기능을 모두 수행한다.

시사점

만약 자신이 모든 전자 및 통신기기에서 사용자의 편의성을 향상시키기 위한 표준 제품을 연구하고 있다면 USB 표준의 개념을 참조할 것을 권장한다. USB는 ISO, IEC, ITU와 같은 공식표준화기구가 만든 규격이 아니라 7개 업체가 공동개발한 산업표준이자 사실상 표준이라는 특징을 가지고 있다. 본인이 좋은 표준화 주제를 가지고 있다면 같은 업종의 연구자들과 함께 강력한 사실상 표준을 만들 수 있다. 그 표준은 스마트폰에서 작동하는 기술규격이라도 좋고, 특정 소프트웨어에서 작동하는 것이라도 좋다. 컴퓨터를 포함한 통신기기 및 기술은 계속 발전하고 있고, 여러 데이터 및 기기의 자연스러운 연결과 호환은 더욱 중요해질 것이다. 자신의 연구 주제 혹은 업무가 향후 어떤 표준화 주제로 발전할 수 있을지 생각해보는 것이 좋은 표준, 강력한 표준을 만드는 시작점이 될 것이다.

AI와 자율시스템의 윤리적 설계

AI와 로봇의 발전

로봇만큼 인류의 관심을 끌고 있는 기술이 또 있을까? 또 이 자율시스템만큼 우리에게 기대와 우려를 안겨주는 기술이 있을까? 의료, 금융, 제조, 법률을 포함한 전 산업분야에 AI와 로봇이 뿌리를 내리기 시작했다. 단순 분류부터 분석, 추론과 예측까지 해낸다. 일부 영역에서는 단순한 조력 기능이 아니라 사람보다 업무 처리의 정확성이 높다. 훈련된 AI 로봇은 약사보다 조제 오류가 적고, 의사가 놓친 병변을 찾아낸다. 안과용 AI IDX-DR은 의사를 대신해 진단 기능까지 수행할 수 있음이 검증되면서 2018년에 미국 FDA의 승인을 받았다.[1] 치료 로봇이 자폐증을 가진 아이들에게 사회적 상호작용 방법을 가르치거나[2] 외상 후 스트레스 장애를 겪는 난민이 인공지능 챗봇에게 더 솔직해지는 사례[3]도 보고된 바 있다. 그런데 장미 빛 소식 못지 않게 우리를 불안하게 하는 기사들도 속속 들려온다.

---

1 FDA(2018.4.11). FDA permits marketing of artificial intelligence-based device to detect certain diabetes-related eye problems. https://www.fda.gov/news-events/press-announcements/fda-permits-marketing-artificial-intelligence-based-device-detect-certain-diabetes-related-eye.

2 https://spectrum.ieee.org/the-human-os/biomedical/devices/robot-therapy-for-autism

3 '카림'(Karim)은 심리치료에 인공지능을 이용, 일정 정도의 효과를 본 사례로 꼽힌다. 실리콘밸리 스타트업 X2AI는 외상 후 스트레스 장애 등 심각한 정신적 고통을 겪는 난민을 돕기 위해 카림을 개발했는데, 이에 대해 시리아 난민 아마드 씨(33)는 2016년 3월 영국 가디언에 "진짜 사람과 이야기하는 것 같았다. 실제 심리치료사를 찾는 건 좀 부끄럽게 느껴진다. 로봇 치료사를 찾는 게 훨씬 편하다"면서 "심리적 문제를 극복하는 데 도움을 받을 수 있을 것 같다"고 말했다. 출처: 이재은(2017.10.07). "은밀한 고민은 인공지능에게"…AI가 내 심리치료사?. 머니투데이. https://news.mt.co.kr/mtview.php?no=2017092516521310285,

<그림 1-12> 자폐증 치료용 로봇 (출처: IEEE)

AI와 로봇의 오류

자율주행차가 사람을 인식하지 못해서 사망에 이르게 한 사고,[1] 악의적 욕설과 인종차별적 언어를 답습한 테이 사건,[2] 자기들끼리만 알아듣는 언어로 소통하다 강제종료 당한 페이스북 AI 사건,[3] 쇼핑센터를 지키라고 했는데 이유없이 어린 아이를 치는 로봇,[4] 인종·성차별적 결과를 내놓은 범죄예측시스템,[5] 2021년 1월에는 중국에서 AI끼리 서로

---

1 심재율(2018.3.20). 우버 자율주행차 보행자 치어 사망, 자율주행차량 시범운행 모두 중단. 사이언스타임즈. https://www.sciencetimes.co.kr/news/%EC%9A%B0%EB%B2%84-%EC%9E%90%EC%9C%A8%EC%A3%BC%ED%96%89%EC%B0%A8-%EB%B3%B4%ED%96%89%EC%9E%90-%EC%B9%98%EC%96%B4-%EC%82%AC%EB%A7%9D/

2 곽도영(2016.3.27). MS, AI 챗봇 '테이' 막말 파문에 해명…"지속적 세뇌 공격 받아". 동아일보. https://www.donga.com/news/Economy/article/all/20160327/77237057/9

3 OHFUN discuss 편집부(2017.8.5). 페이스북이 개발하다 "너무 위험하다"며 강제 종료한 AI 로봇들의 '소름 돋는' 대화 내용. https://ohfun.net/?ac=article_view&entry_id=16225

4 임화섭(2016.7.14). 실리콘밸리 쇼핑몰 경비 로봇이 16개월 아이 '공격'. 연합뉴스. https://www.yna.co.kr/view/AKR20160714023000091

5 Richardson, Rashida and Schultz, Jason and Crawford, Kate, Dirty Data, Bad Predictions: How Civil Rights Violations Impact Police Data, Predictive Policing Systems, and Justice (February 13, 2019). 94 N.Y.U. L. REV. ONLINE 192 (2019), Available at SSRN: https://ssrn.com/abstract=3333423

싸우는 일까지 일어났다.[6] 또 연이어 국내 스타트업의 AI 챗봇 '이루다'가 성희롱과 개인정보 유출 등 여러 논란으로 서비스가 중지되는 사태가 발생했다.

한편 자율주행차분야는 테슬라를 비롯해 전 세계 자동차 기업과 IT 기업이 치열하게 경쟁하고 있고 엄청난 속도로 발전하고 있다. 하지만 핸들이 없는 자율주행차는 현재 시범 운행 중이지만 핵심 성능과 퍼포먼스에 대한 표준이 제정된 바 없어 안전성에 대한 큰 우려를 낳고 있다.[7] 이외에도 심층학습의 경우 왜 그러한 결론에 도달했는지 알 수 없는 블랙박스 현상, 알고리즘이 쉽게 편향될 수 있는 취약성 등이 AI의 문제점이다. 이 때문에 일론 머스크 등 AI의 무분별한 개발을 우려하는 사람들이 모여서 AI의 윤리적 설계의 필요성을 선언한 바 있다.

AI와 로봇의 윤리적 표준

기계와 소프트웨어는 윤리와 도덕이 없다. 그래서 그것을 만드는 사람이 윤리적으로 설계해야 한다. 윤리적 설계라 함은 좁은 의미로 인간의 안전을 담보하기 위한 표준적 보안조치를 말한다. 넓은 의미로는 AI와 자율시스템의 오남용을 차단하고 선용을 확대하기 위한 조치로 보아야 한다. 표준은 AI와 로봇을 포함한 자율시스템 사용의 안전성을 높이고, 위험관리를 위해서 반드시 필요한 도구이다. AI의 표준화는 IEEE, ISO/IEC JTC 1/SC 42[8]에서도 AI 표준화 작업을 수행 중이다.

---

6 심재훈(2020.1.3). "우리 그만 싸우자" 중국 도서관서 로봇끼리 말다툼. 연합뉴스. https://www.yna.co.kr/view/AKR20210103022600083

7 Ben Klayman, Paul Lienert(2020.7.15). 'Hands free': Automakers race to next level of not quite self-driving cars, www.reuters.com/article/us-autos-tech-handsfree-focus-idUSKCN24G14O

8 https://www.iso.org/committee/6794475.html

<그림 1-13> IEEE의 AI의 윤리적 설계 시리즈 (출처: IEEE 홈페이지)

ISO/IEC JTC 1/SC 42에서 AI 관련 용어, 신뢰성 평가 및 여러 응용분야에 적용 가능한 공통 표준을 개발 중이다.

사실상 표준화기구인 IEEE가 개발해서 배포 중인 『윤리적 설계』는 총 여덟 섹션으로 구성되어 있으며, AI 및 자율시스템과 관련한 구체적 사안을 다루고 있다. 이 표준에서는 AI의 설계와 운용에 관한 쟁점을 다양한 관점에서 정의하고, AI의 오남용을 제거하기 위한 원칙들이 제공되고 있다. 일부 쟁점들을 소개하면 다음과 같다.

- 자율지능시스템은 특정 단체 구성원들에게 불이익을 초래하게 될 데이터나 알고리즘 편향을 가지는 경우도 있다.
- 특정 공동체에서 특정 역할을 하는 자율지능시스템의 규범들이 일단 파악되면, 이 규범들이 어떻게 계산 아키텍처로 구현되는지는 불분명하다.
- 자율지능시스템에 구현되는 규범은 관련 공동체의 규범과 조화롭게 어울려야 한다.
- 인간과 자율지능시스템 간의 적절한 신뢰를 쌓아야 한다.
- 자율지능시스템의 가치 정합성에 대한 제3자에 의한 평가가

필요하다.

IEEE는 이 AI의 윤리적 설계의 준비 프레임워크를 통해 이를 어떻게 구체적으로 실행에 옮길 수 있는지를 안내하고 있다. 이에 관한 자세한 내용은 'AI Ethics Readiness Framework[1]'를 참고하기 바란다.

지향점

그렇다면 첨단기술을 연구하고 있는 이들에게 AI의 표준화가 주는 메시지는 무엇일까? 새로운 분야일수록 표준화 수요는 폭발적이라는 것이다. 해당 분야에 표준이 거의 없다는 것은 제조자 및 사용자를 보호하기 위한 안전성, 효율성, 유효성, 품질 및 위험관리에 필요한 필수 표준들이 앞으로 다수 개발되어야 한다는 뜻이다. 동시에 전 인류에게 지대한 영향을 끼칠 신기술이야 말로 표준화는 필수적으로 달성되어야 할 목표라는 것이다. 예를 들어 증강현실, 가상현실, 줄기세포, 오가노이드, 나노의학 분야 등은 표준화가 전혀 안되어 있거나 표준화 초기 단계인 기술들이다.

이 글을 읽고 있는 사람이 과학적·윤리적 절차가 완전히 확립되지 않은 최첨단 기술을 연구 중이라면 AI의 윤리적 설계를 위한 표준을 살펴보기 바란다. 기술을 포함한 사회 전체에 대한 규칙과 최선의 실무 지원을 위한 모델을 발견할 수 있을 것이다. 누구든지 자신의 분야를 좀 더 낫게 발전시키려 하고자 한다면 곧 표준화 주제를 발견할 수 있으리라고 생각한다.

---

1 https://ethicsinaction.ieee.org/

내 몸이 비밀번호다

있으나 마나 한 비밀번호

'123456', '123456789', 'picture1', 'password', '12345678', '111111', '123123', '12345', '1234567890', 'senha' 이것들이 무엇일까? 2020년도에 한 회사가 조사한 가장 많이 쓰인 비밀번호 10개이다. 이런 암호는 해커가 해독하는 데 1초도 걸리지 않는다. 다른 가장 일반적인 암호는 해독하는 데 몇 초에서 며칠 밖에 걸리지 않는다고 한다.[1]

하루에도 몇 번, 비밀번호가 헷갈리는 경우가 많다. 또 오랜만에 접속하는 계정이라면 비밀번호를 잃어버리기 일쑤다. 미국과 영국에서 실시된 NordPass 설문 조사에 따르면 평균적인 사람은 최소 10개의 암호로 보호된 계정을 가지고 있다고 한다. 모든 비밀번호를 다 기억하기 어렵기 때문에 많은 사람들이 해킹당하기 쉬운 간단한 비밀번호를 사용하게 된다.

생체인식 보안

사람은 모두 생김새와 걸음걸이, 음성 등 신체 고유의 특성이 있기 때문에 이 특성을 이용하면 개인의 신분을 식별할 수 있다. 최근 DNA 검사를 하지 않고도, 걸음걸이 특성으로도 범인을 잡는 사례도 보도된 바 있다. 생체인식 및 보안기술(이하 '생체인식')은 비밀번호의 보안 취약성을 보완하고, 대체할 기술로 여겨지고 있다. 기존 비밀번호 설정 방식에 비해서 사용자 자신의 고유 신체 특성을 이용하므로 잊어버릴 수

---

1 Ben Canner(검색일 2020.2.13). NordPass Unveils 200 Most Common Passwords of 2020 https://solutionsreview.com/identity-management/nordpass-unveils-200-most-common-passwords-of-2020/

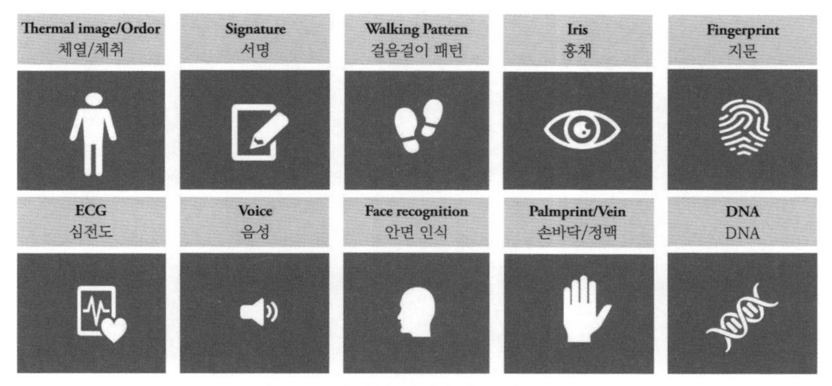

<그림 1-14> 다양한 생체인식 수단 (출처: 저자)

없고, 빠르고 편리할 뿐만 아니라 복제가 거의 불가능하다는 장점이 있다.

생체인식이란 고유한 신체적, 행동적 형질에 기반하여 사람을 인식하는 방식을 말한다. 생체인식과 관련된 용어(동의어, 유사어 등)로 생체 인증, 바이오 인증, 생물 측정학, 바이오 인식, 생체 측량이 있다. 생체인식은 의료분야에서는 질병 발생을 예측할 뿐만 아니라 조기 진단, 대면 및 원격진료 시 의료진 식별 및 환자 신원 확인에 활용될 기술로 전망된다.

사용 중인 곳

바이오 인증 서비스 도입 추진이 활발한 분야는 금융권이다. KB국민은행의 '손으로 출금 서비스'는 손바닥 정맥을 통해 본인임을 확인하는 바이오 인증 서비스를 제공하는데, 손바닥을 인출 기계 위에 대면 별도의 절차 없이도 돈을 찾을 수 있다. 은행권에 의하면 고령층은 비밀번호를 잊어버리거나 신분증을 집에 놔두고 오는 경우가 많고, 인터넷 뱅킹이나 현금자동입출금기기(ATM) 사용에 어려움이 있는데 이제

는 다른 인증 수단 없이 정맥 인증만으로 출금이 가능하다.[1]

신한은행은 2015년부터 디지털 셀프 뱅킹 창구에 손바닥 정맥 인증 서비스를 도입했다. KB국민은행도 사용자가 신분증을 제시하면서 정맥 인증을 받으면 출금이나 이체가 가능하다.[2] IBK기업은행은 아이폰 이용자가 목소리로 본인 인증을 받는 '보이스 뱅킹'을 2018년에 도입했다. 사용자는 아이폰 AI음성 비서인 '시리(Siri)'에 음성으로 송금 지시를 한 뒤 지문이나 얼굴 인식으로 본인 인증을 받으면 송금할 수 있다. KEB하나은행은 2016년부터 스마트폰 애플리케이션(앱) '하나원큐 앱'에서 지문, 홍채, 얼굴 인식을 활용한 본인 인증을 시작했다. 우리은행도 2017년 스마트폰 앱에서 홍채 인증 서비스를 시작했다.[3]

생체인식 및 보안 정보는 금융결제원과 은행에 분산 보관하고, 거래할 때마다 정보 조각을 모아 인증을 수행한다. 생체정보 유출 차단을 위해 등록된 손바닥 정맥 정보를 암호화해 금융결제원과 일정 비율로 분산 보관한다.[4] 영국 바클레이즈 은행, 일본 오가키쿄리츠 은행 등도 현금자동입출금기에서 일부 정맥 인증을 이용한 인출서비스를 활용하고 있다.

손바닥 정맥은 혈관 특성을 이용한 인식 기술이다. 손바닥 정맥은 손바닥 표피 아래 복잡하게 교차하는 핏줄로 위조가 어렵고 지문이나 홍채 인증 수단에 비해 정확도와 보안성이 높다.

---

1 김형민, 조은아(2019.4.15). 손바닥 출금… 통장-비번 없어도 '정맥 인증'으로 OK. 동아일보. https://www.donga.com/news/It/article/all/20190414/95047413/1

2 민경락(2019.4.14). '손바닥 정맥'으로 예금 출금…국민은행 "도장•비번 없어도 OK". 연합뉴스. https://www.yna.co.kr/view/AKR20190412155100002

3 황병서(2019.2.16). 눈빛만 봐도 송금•입출금까지…금융권 생체인증 시스템 확산. 디지털타임스. http://www.dt.co.kr/contents.html?article_no=2019041702101958054001&ref=naver

4 민경락(2019.4.14). '손바닥 정맥'으로 예금 출금…국민은행 "도장•비번 없어도 OK". 연합뉴스. https://www.yna.co.kr/view/AKR20190412155100002

진행 중인 표준화

생체보안을 이끄는 공식 표준화기구는 ISO/IEC JTC 1/SC 37 바이오메트릭(Biometrics)이고, 사실상 표준화기구는 '피도연맹(FIDO Alliance)'이다. 이중 SC 37은 생체인증의 용어, BioAPI, 생체인식 등록 기관 운영 절차, 생체인식 데이터 교환 형식에 대한 적합성 테스트 방법론 등에 대한 방대한 표준을 제정 중이다. 피도연맹은 2013년 2월 전 세계 200개 다국적 글로벌 기업이 생체인식 기술 기반 인증 기술 표준을 정하기 위해 설립된 조직으로, 구글, 삼성전자, LG 등 국제 및 국내 대기업이 표준 인증 기술을 개발 중이다. 현재 피도연맹의 인증 방식을 따른 기술을 사용하는 사용자는 전 세계에서 지속적으로 증가 추세이다.

지향점

비밀번호를 수십 개씩 관리해야하는 현대인에게 생체인식에 의한 인증은 안전하고 편리한 보안수단으로 인식되고 있다. 그러나 문제는 완벽하게 보이는 기술이라도 허점이 있게 마련이라는 것이다. 굳이 톰 크루즈가 나오는 <미션 임파서블>이나 <마이너리티 리포트>를 언급하지 않더라도 생체인식 기술 또한 완벽한 보안수단이 아니라는 사실을 주지할 필요가 있다. 예를 들어 실리콘으로 지문을 변조해서 일본의 공항 게이트를 통과한 사례가 있었다. 생체인식 기술은 아직 초기 단계인 만큼 기술의 불안전성과 불안요소를 없애고 안전한 생체보안 수단으로 발전하기 위한 각종 규칙과 절차를 정하고 있다는 점에서 기술발전과 표준개발이 동시에 추진되고 있는 사례라고 하겠다. 공식 표준화기구와 사실상 표준화기구 간의 역할 분담과 규격 간 조화가 효과적인 생체인식 표준화를 달성하기 위한 관건이다.

물류 혁명의 시작! 컨테이너

화물 컨테이너

일전에 부산 부경대학교 용담캠퍼스를 방문한 적이 있었다. 그때 캠퍼스 앞에 바라다 보이는, 탁 트인 신선대 부두를 보고 신선한 충격을 받은 적이 있다. 부두가 매우 아름답다고 느꼈는데, 그 이유는 총 천연색의 화물 컨테이너가 대량으로 쌓인 것을 보고 압도된 것이었다. 그 균일한 네모 모양이 주는 안정감이 매우 인상적이었다. 표준화의 아름다움, 경제성과 편리함을 한 눈에 보여주던 광경을 아직도 선명하게 기억하고 있다.

화물 컨테이너란 운송 장비 품목으로서 반복 사용에 적합할 만큼 충분히 강하고, 중간에 재적재(reroad)하지 않고 하나 이상의 운송 수단으로 상품을 쉽게 운송할 수 있도록 특별히 설계된 제품으로 한 운송 모드에서 다른 운송 모드로 이동을 허용하는 장치가 장착되어 있어야 하고 채우기 쉽고 비우기 쉽게 설계된 구조물을 말한다.[1] ISO 컨테이너란 제조 당시 존재하는 모든 관련 ISO 컨테이너 표준을 준수하는 화물 컨테이너를 지칭한다.

세계에서 모든 상품 교역에 쓰이는 컨테이너 규격은 그 종류도 다양한데, 종류마다 표준화되어 있다. 이 위대한 시도는 도대체 언제부터 시작된 것일까?

말콤 매클레인(Malcom P. McLean)의 시도

수세기 동안 선박은 여행과 운송의 보편적인 수단이었다. 특히 대형

---

1 ISO 668: 2020-시리즈 1 화물컨테이너-분류, 치수, 등급

<그림 1-15> 화물 컨테이너 (출처: 게티이미지, RF 859207346)

화물은 선박을 이용해서 교역하는 경우가 많았는데, 다양한 선적 물품 등을 처리하는데 엄청난 시간이 소요되었다. 작업자들이 크기가 일정치 않은 나무상자, 통, 자루 등 다양한 형태의 물품들을 배에 싣고 내리느라 특정 항구에서 오랫동안 배가 정박해야 하는 등 문제가 있었고, 이로 인해 운송 물품이 분실되거나 도난 가능성이 더 높아졌다.[2]

한편 1972년 영국에서는 현대식 컨테이너와 유사한 상자가 철도와 말이 끄는 운송에서 사용되었다.[3] 하지만 목재로 만들어진 상자들이 비를 맞으면 내용물이 손상될 가능성이 높았다.[4] 제2차 세계대전 중 미국이 소형 표준 크기 컨테이너를 사용하여 신속하고 효율적으로 운송이 가능함을 확인하면서 표준화하려는 노력이 시작되었다. 1955년에는 미국 노스캐롤라이나의 트럭 기업가인 말콤 매클레인은 물건을 내

---

2 ANSI Blog: Series 1 Freight Containers Classification (ISO 668:2020) https://blog.ansi.org/?p=162867

3 World Shipping Council, http://www.worldshipping.org/about-the-industry/history-of-containerization

4 이은호(2012). 『세상을 지배하는 표준이야기』. 한국표준협회미디어.

리지 않은 채 차량에서 배로 컨테이너를 직접 들어 올리는 것이 화물을 훨씬 빨리 운송하는 방법이라는 것을 깨달았다. 오늘날 표준 컨테이너 대부분이 12.192m(40피트)이지만 컨테이너 선구자 말콤 매클레인이 최초에 사용한 사이즈는 10.0584m(33피트)였고, 이후 10.668m(35피트) 컨테이너 2개를 개발했다. 라틴 아메리카에서 활동하는 말콤의 경쟁자들은 5.1816m(17피트)를 선호했는데 이는 산악 지역에 적합한 사이즈였기 때문이었다.[1] 말콤은 그가 개발한 컨테이너 특허를 ISO에 무료로 제공했다. 따라서 컨테이너 업계는 처음부터 표준화의 이점을 누릴 수 있었고, 이는 운송의 붐을 가져오는 계기로 작용했다. 그의 아이디어는 전체 물류 프로세스를 단순화하고 그 이후 50년 동안 화물 운송 및 국제 무역에 혁명적인 변화를 가져왔다.

말콤의 혁신적인 아이디어로 시작된 화물 컨테이너 표준화는 1960년대 초에 ISO가 컨테이너의 표준 크기를 설정하여 시리즈 1 화물 컨테이너로 지정한 것에서 출발했다.[2,3] 1968년에 ISO가 제정한 'ISO 668 시리즈 1 화물 컨테이너 — 분류, 치수 및 등급'은 ISO 컨테이너 표준의 근간이다. ISO 668:2020은 부속서를 제외하면 총 6쪽짜리 표준이다. 이 표준화된 규격 때문에 컨테이너는 선박, 트럭 및 기차 간 이동이 원활할 수 있었다. 컨테이너의 적절한 적재는 운송 선박, 트럭 및 기차의 안전과 안정성에 매우 중요한 요소이다. 컨테이너 크기가 표준화되어 여러 개를 겹쳐 쌓아도 떨어지지 않고, 항구의 선박, 기차, 트럭 및 크

---

1 Barnaby Lewis(2001.2.15). BOXING CLEVER—HOW STANDARDIZATION BUILT A GLOBAL ECONOMY 11. https://www.iso.org/news/ref2215.html

2 ANSI Blog: Series 1 Freight Containers Classification (ISO 668:2020) https://blog.ansi.org/?p=1628671961

3 World Shipping Council, http://www.worldshipping.org/about-the-industry/history-of-containerization

레인을 단일 크기 사양에 맞게 특수하게 장착하거나 제작할 수도 있게 되었는데 이는 화물 컨테이너 회사 대부분이 ISO/TC 104 화물컨테이너(Freight Container)에서 정한 규격을 따르고 있기 때문이다. 컨테이너 표준화는 표준화된 규격 때문에 어느 측면으로도 적층할 수 있게 되어 작업의 복잡성이 해소된 것뿐만 아니라 운송 비용의 엄청난 감소로 이어졌다. 컨테이너는 컨테이너 제조사와 관계없이 동일한 ISO 사양에 따라 알루미늄 또는 강철로 구성된다.[4]

컨테이너의 분류

ISO 668: 2020 — 시리즈 1 화물 컨테이너 — 분류, 치수 및 등급

ISO 668: 2020은 ISO 컨테이너 표준의 최신 버전이다.[5] 이 표준은 2013년 이후에 여섯 번의 수정을 거친 결과다. 이 표준의 주요 내용은

Designation	Length			Height			Width			Maximum gross weight	
	mm	ft	in	mm	ft	in	mm	ft	in	kg	lb
1A	12,192	40		2,438	8		2,438	8		30,480	67,200
1AA	12,192	40		2,591	8	6	2,438	8		30,480	67,200
1B	9,125	29	11%	2,438	8		2,438	8		25,400	56,000
1BB	9,125	29	11%	2,591	8	6	2,438	8		25,400	56,000
1C	6,058	19	11%	2,438	8		2,438	8		20,320	44,800
1CC	6,058	19	11%	2,591	8	6	2,438	8		20,320	44,800
1D	2,991	9	9%	2,438	8		2,438	8		10,160	22,400
1E	1,968	6	9%	2,438	8		2,438	8		7,110	15,700
1F	1,460	4	9%	2,438	8		2,438	8		5,080	11,200

<표 1-1> ISO 컨테이너 표준 규격

4 https://www.iso.org/ics/55.180.10/x/

5 668은 표준 번호, 2020은 개정된 연도이다.

외부 치수를 기준으로 화물 컨테이너를 분류하고, 관련 등급에 해당되는 경우 특정 유형의 컨테이너에 대한 최소 내부 규격 및 도어 개방 치수를 추가로 지정해 놓고 있는데 이는 대륙 간 운송을 위한 것이다. 또한 화물 컨테이너의 외부 및 일부 내부 치수를 요약해서 제공한다. 그러나 각 컨테이너 유형에 대한 치수는 화물 컨테이너를 설정하는 표준 ISO 1496에 정의되어 있다.

화물 컨테이너 A, B, C, D, E, F는 높이가 8피트이다. 만약 컨테이너 높이가 8피트 6인치면 AA, BB, CC, DD가 된다(<표 1-1> 참조).

특이한 컨테이너

선적 컨테이너는 표준 컨테이너 외에도 종종 '특수' 장비라고 불리는 다양한 유형으로 제공된다. 이러한 특수 컨테이너에는 개방형, 개방형 측면, 개방형 상단, 절반 높이, 평면 랙, 냉장, 탱크 및 모듈식이 모두 표준 건조화물과 동일한 외부 길이와 너비로 제작되었다. 상단이 개방된 컨테이너는 통나무, 기계류를 포함한 특이한 크기의 화물을 쉽게 적재하기 위해 사용된다. 평면 랙은 보트, 차량, 기계 또는 산업 장비 운송에 사용할 수 있다. 탱크 컨테이너는 화학 물질, 와인 및 식물성 기름과 같은 다양한 유형의 액체를 운반한다. 모든 컨테이너에는 고유한 식별번호가 있다. 이 번호는 세관 직원, 창고관리자, 선장, 선원, 해안 경비대, 부두 감독관이 컨테이너 소유주와 상품 배송자를 식별하는데 사용할 수 있다. 이 식별번호 덕분에 전 세계 어디에서나 컨테이너의 위치 추적이 가능하다.

컨테이너 위치 추적

택배를 기다려 본적이 있는 사람이라면 누구나 한번쯤 해당 택배회사 웹사이트에 접속해 현재 물건의 위치를 확인해 보게 된다. 만약 물건이 아닌 컨테이너 추적을 원하다면 ISO/TS 18625를 활용할 수 있다. 만약 고가의 물건이나 신속하게 운송되어야 할 백신 혹은 식품을 컨테이너로 운송한다고 가정해보자. 우리는 투명하게 컨테이너의 위치와 현재 상태를 알고 싶어할 것이다. 컨테이너 추적시스템 표준들은 이러한 목적 하에 개발 중이다. ISO/TC 104/SC(식별 및 통신)는 무선 주파수 식별 또는 RFID를 포함한 다양한 기술을 통합하여 운송 중 제품의 추적 및 모니터링을 개선할 목적으로 실시간 추적 기술을 표준화하였다. 이러한 표준은 컨테이너 소유주, 컨테이너에 물건을 실어 배송하는 업자, 고부가가치 화물을 운송하는 콜드 체인이 필요한 백신 또는 식품을 관리하는 공급업체와 세관 및 국경을 관리해야 하는 기관들의 업무 효율을 향상시킨다.[1]

ISO/TS 18625:2017 화물 컨테이너 — 컨테이너 추적 및 모니터링 시스템(CTMS): 요구 사항

ISO/TS 18625는 ISO/TC 104/SC 4(식별 및 통신)에서 개발한 표준으로 ISO 668에 정의된 화물 컨테이너뿐만 아니라 ISO 668에 정의되지 않은 다른 화물 컨테이너에 적용 가능한 추적 시스템에 대한 표준 사양이다. 컨테이너의 상태를 추적 및 모니터링하고 그 결과를 보고하는데 사용된다. 이 시스템을 컨테이너 추적 및 모니터링 시스템(Container Tracking and Monitoring Systems, CTMS)이라고 한다. CTMS를 사용하기로 선택한 당사자를 '시스템의 사용자' 또는 '사용자'라고 하는데, 예를

---

1 Barnaby Lewis, BOXING CLEVER—HOW STANDARDIZATION BUILT A GLOBAL ECONOMY, https://www.iso.org/news/ref2215.html

들어 발송인, 통합자, 물류 서비스 제공업체 컨테이너 소유자, 운영자가 될 수 있는 사용자는 해당 당사자가 정의한 특정 사용 사례에 따라 CTMS의 특정 요구 사항을 식별하고 지정을 한다. 이 표준은 시스템의 운영에 필요한 요구 사항에 대한 지침을 제공하며 CTMS를 사용하는 것은 강제가 아닌 선택 사항으로 정한다. 이 표준에 부합하는 CTMS는 데이터 전송 및 데이터 해석과 관련하여 상호운용성을 제공한다.[1]

ISO/TS 18625에서 제안된 CTMS 요소는 다음과 같다.

1) 컨테이너 추적 장치와 자동화된 데이터 처리시스템 간 정보를 전달하기 위한 요구사항.
2) 자동 데이터 처리 시스템으로부터의 전송을 위한 데이터.
3) CTMS의 일관되고 신뢰할 수 있는 작동을 보장하는 데 필요한 기능적 요구 사항.
4) CTMS의 정보 콘텐츠의 악의적이거나 의도하지 않은 변경 및 또는 삭제를 억제하는 기능.

ISO/TS 18625의 범위에서 제외되는 것은 운영자 정보 관리 시스템(OIMS)이라고 불리는 사용자의 정보 시스템에 의한 데이터의 처리 및 표시이다. 또한 컨테이너 내부에 포장되거나 채워진 화물의 특성 식별, 추적 및 모니터링은 이 표준에서 다루지 않는다.

ISO 18186:2011 화물 컨테이너 — RFID 화물 선적 태그 시스템

ISO 18186은 ISO 668에 정의된 화물 컨테이너와 기타 관련 컨테이

---

1 https://www.iso.org/standard/63052.html

<그림 1-16> 경기도에 설치된 코로나19 선별진료소
(출처: 대규모 선별검사센터 소개자료. 경기도 감염병 관리 지원단, 2020)

너 및 운송 장비에 적용하는 화물 선적 태그 시스템 표준이다. 무선주파수식별(RFID) 화물 선적 태그 시스템과 인터넷 기반 소프트웨어 패키지를 사용하여 화물 컨테이너 물류 투명성과 효율성을 높인다. 화물 컨테이너의 자동 식별에 대한 표준인 'ISO 10374', 무선주파수식별에 대한 표준인 'ISO/TS 10891'과 함께 사용 가능한 규격이다.

의료와 만난 컨테이너

컨테이너의 변신은 무한하다. 컨테이너를 주거공간, 생물안전실험실용으로 사용하는 경우도 있지만 우리나라는 코로나19 대유행 상황에서 선별진료소 목적으로 사용했다. 지역사회 감염을 차단할 목적으로 전국에 자동차 이동형(drive-through)와 도보 이동형(walk-through) 방식의 선별진료소를 운영했는데, 이 때 컨테이너가 일부 지역에서 활용되었다. 경기도에서는 컨테이너에 음압을 적용해 선별검사에 활용하였다.

오감으로 느끼는 와인

와인은 기쁨의 순간에 축배를 들기 위해, 때로는 의학적 목적으로 널리 사용되어 왔다. 인류가 시작된 이래 와인에 대한 인류의 사랑은 계속되었지만 가죽으로 만든 그릇에 와인을 담아 마시다 1600년대 초반에야 비로소 지금의 와인잔이 사용된 것으로 알려져 있다. 와인의 품질을 제대로 평가하기 위한 잔의 표준은 ISO에서 1977년에 제정되었다.

관능 검사

'관능'은 '사용과 관련된 것'이라는 뜻이고 '관능 분석'은 '시각, 후각, 미각, 촉각, 청각 등의 감각으로 감지되는 식품이나 다른 재료에 대해 이러한 특성에 대한 반응을 유도, 측정, 분석, 해석하는데 사용되는 과학분야'를 지칭한다.[1] 와인 관능 검사란 색상, 투명도, 향기, 향미 등 와인의 관능적 특성을 조사하는 것을 말한다. 다시 말해 시음용 와인잔으로 와인의 품질을 측정하는 것을 관능 검사(Wine Tasting)라고 한다. ISO/TC 34/SC 12는 관능 검사(Sensory Analysis)를 담당하는 분과위원회이다.

와인의 맛은 천차만별이다. 포도의 품종, 제조 방식, 유통 과정, 숙성 정도뿐만 아니라 이를 마시는 사람의 입맛도 각양각색이기 마련이다. 그런데 왜 시음용 와인 잔을 굳이 표준으로 정해야만 했을까? 와인은 시음용 잔의 종류에 따라 맛이 다르게 느껴진다. 또 맛이 다르면 와인의 가치가 다르게 평가되고, 가치의 평가 결과에 따라 와인 생산자의

---

1 한국인정기구, KOLAS-SR-005: 2020, 관능 시험 시험기관 인정을 위한 추가기술요건

<그림 1-17> 와인잔 (출처: 셔터스톡, 597823787)

경제적 이득이 크게 좌우되게 된다. 이 시음용 잔은 그 목적과 용도가 일상에서 와인을 즐기는 것과는 다르기 때문에 잔의 통일이 필요했던 것이다.

전통적인 와인잔의 종류와 관능 검사에 사용되는 시음용 와인잔은 규격이 다르다. 하지만 이 표준 잔은 누구나 똑같은 와인 맛과 향을 느낄 수 있도록 고안된 잔이다. 이는 와인을 객관적이고 공정하게 평가하기 위한 목적으로, 개인 취향에 따른 평가 오류를 배제하기 위한 조치이다.

관능 검사용 와인잔

관능 검사용 와인잔은 마치 그 모양이 튜율립 꽃과 같다. 이 독특한 모양은 와인의 향을 집중시키는 데 도움이 된다. 개구부가 본체보다 좁아 향을 가둘 수 있도록 유리의 모양과 치수를 정의하였다. 표준 잔은 무색이어야 하고, 흠집이 없어야 한다. 또한 표준화된 와인 시음 잔

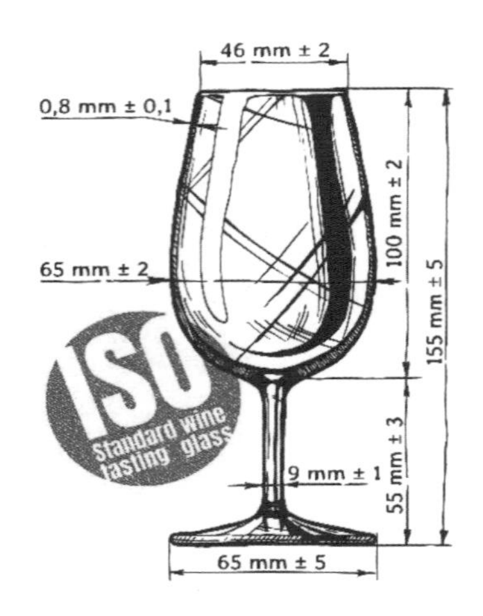

<그림 1-18> 관능 검사용 와인잔 규격 (출처: 셔터스톡, 1038313252)

은 시음자가 와인의 투명도를 측정하는 데 도움이 되도록 무색 유리로 만들어야 한다. 이 표준화된 잔을 사용하면 와인을 최대로 관찰하고 냄새를 맡고 맛볼 수 있다. 잔에 담긴 와인을 검사하여 색의 깊이를 평가하고, 흡입해서 향과 향을 연관시키기에 적절하다. 2003년 8월, 우리나라는 ISO 규격에 따라 KS Q ISO 3591을 국가 표준으로 제정하였다. 이 국가 표준 잔은 정한 치수에 부합하며, 흠집과 장식이 없는 무색의 투명 크리스털 잔의 형태이다.

달콤한 조각 각설탕

좀 달게 먹으려다

커피와 차, 그리고 칵테일에 설탕을 넣어서 먹는 사람들은 설탕 양에 민감하다. 설탕의 형태는 가루, 결정체, 네모와 액체 등 형태가 다양하다. 그런데, 이 중 설탕을 스푼이 아닌 개수로 계산하는 것이 보편화된 것은 모두 네모난 각설탕 덕분이다. 각설탕은 어떻게 탄생했을까?[1]

1841년 8월 어느 날, 체코에 사는 율리아나 라트(Juliana Rad)는 원뿔 모양의 설탕봉에서 설탕 한 조각을 잘라 내려다 그만 손가락을 다쳤다. 당시 설탕은 일반적으로 원뿔 모양이나 모자 모양이었다. 그래서 집에서 설탕을 사용하려면 이 설탕 덩어리를 칼과 망치 등을 이용해 더 작은 조각으로 잘라야 했다. 부상은 드물지 않았고 부엌에서 고통스러운 비명 소리를 듣는 것도 드문 일이 아니었다.[2] 당시 설탕은 덩어리로 팔렸는데, 설탕봉이 너무 딱딱하고 높이도 1.5m에 달해 잘라내는 것이 쉽지 않았기 때문이다. 율리아나는 설탕을 절단하는 것이 매

<그림 1-19> 각설탕 기념상[1]

1 주한독일문화원 (Goethe-Institut Korea) 홈페이지(https://www.goethe.de/ins/kr/ko/index.html)에 게시된, 루치에 판타조풀루 드라호노프스카가 작성한 '둥근 모양에 각이 지기까지'와 '체코 라디오'에서 게시한 내용을 참조하였다.

2 https://archiv.radio.cz/en/static/inventors/sugar

우 힘들고 위험하게 생각되었는데, 한 조각을 잘라내려면 망치와 펜치, 쇠 지렛대를 동원해야 했다. 율리아나는 남편에게 손쉽게 설탕을 자를 수 있는 방법을 찾아달라고 호소했다. 남편 야콥 크리스토프 라트(Jacob Christoph Rad)는 설탕 정제소의 사장이었는데, 열정적 발명가이기도 했다. 각설탕 발명을 위한 최상의 조건을 갖춘 사람이었던 그는 마침내 아내를 위해서 각설탕을 만들어주게 되었다.

최초의 각설탕

율리아나가 남편에게 설탕을 쉽게 자를 수 있는 방법을 찾아달라고 요청한지 3개월 만에 남편은 사탕무로 만든 흰색과 분홍빛 각설탕 350개가 가지런히 들어 있는 상자 하나를 내밀어 아내를 감동시켰다. 실험을 좋아하는 발명가 남편이 설탕 압축기까지 직접 제작했기 때문이다. 그는 완전히 건조되지 않은 설탕봉을 체에 거른 뒤, 설탕 입자가 400개의 정사각형 모양으로 생긴 판으로 떨어지게 하고 이를 눌러서 각설탕 형태를 만들었다. 이후 모양이 만들어진 각설탕들을 약 12시간 동안 건조실에서 말렸다. 당시 각설탕은 두 가지 크기로 생산되었다. 하나는 모서리 길이가 엄지 길이의 3/5인 2cm 정도였고, 다른 하나는 엄지 길이의 1/2인 1.2cm 정도였다. 지금은 1.6×1.6×1.1cm 규격으로 생산된다. 이는 엄밀히 따지자면 정육면체가 아니라 직육면체이다. 라트의 아이디어는 후에 프랑스 사람과 벨기에 사람에 의해 완성되었으며 체코에서 유럽 전역으로 팔려 나갔다.

---

1 기념상의 소재지는 체코 체스코-모랍스카 고지대의 남쪽 끝자락에 위치한 도시 다치체(Dačice)이다. 다치체 박물관에서는 각설탕의 탄생 과정을 알리는 상설 전시회도 열리고 있다.

<그림 1-20> 라트 부부
(출처: https://austria-forum.org/af/Wissenssammlungen/Erfinder/Rad%2C%20Jacob%20Christoph)

각설탕의 장점

각설탕은 기존의 원통이나 가루에 비해 어떤 장점이 있을까? 각설탕은 한마디로 흰색 컨테이너와 같은 느낌을 준다. 형태가 고정되어 생산 및 유통에 이상적인 모양이다. 제조회사는 각설탕 사이즈가 동일해서 모듈식으로 쌓을 수 있고 쉽게 운반할 수 있다. 각설탕과 시럽을 비교해보면, 시럽은 상황에 따라 때로는 많은 양이 때로는 적은 양이 투입될 수 있지만 각설탕은 그런 염려는 하지 않아도 된다.

당류 섭취는 하루 각설탕 33개 이내로

그렇다면 현재의 각설탕의 규격은 어떨까? 사실 당류를 포함한 각종 식품류는 각 나라와 제조사별로 기준에 차이가 있다. 어떤 제조사는 한 스푼이 각설탕 한 개와 동일하다는 기준을 가지고 있다. 우리나라 역시 제조사 마다 각설탕 한 개의 사이즈와 무게가 조금씩 차이가 있다. 그럼에도, 각설탕은 당류 섭취량을 정확히 표시하기에 편리하다. 우리나라 식품의약품안전처는 2016년에 각설탕을 기준으로 해서 당분의 1일 섭취 기준량을 제시한 바 있다.[1] 식약처는 '식품 등의 표시기준 고시'를 개정해 식품에 표시되는 당류의 1일 영양성분 기준치를 100g으로 정했다고 2016년 9월 9일 밝혔다.[2] 1일 영양성분 기준치는 평균적인 1일 섭취 기준량이다. 식약처 기준에 따라 식품회사들은 식품의 라벨에 성분별로 1일 섭취 기준량 대비 몇 퍼센트가 들어있는지 표시해야 한다. 그 이전에는 당류가 몇 그램이 들어있는지만 표시했었다.

설탕의 경우, 1일 섭취 기준량을 계산하면, 100g은 무게 3g인 각설탕 33.3개에 해당하는 양이다. 그런데 이것은 과일, 우유 등 하루 중 식품으로 섭취할 수 있는 모든 당류를 포함한 평균적인 하루 섭취량이다. 식약처는 이러한 권고 수준이 영국이나 유럽연합의 90g보다는 다소 높고, 캐나다와는 같은 수준이라고 밝혔다.

교통 소음 저감 표준

차 달리는 소리는 건강에 나쁘다

교통량이 많은 도심에 사는 사람은 많은 소음에 시달리게 된다. 특히 차량 왕래가 많은 도로 바로 옆에 산다면 그 소음의 정도가 생명에 위협을 줄 정도가 될 수도 있다. 이를 입증하는 자료를 세계보건기구

---

1 연합뉴스(2016.4.7). 정부'설탕과 전쟁' 선포…하루 각설탕 16.7개 이하 목표. https://www.yna.co.kr/view/AKR20160406086200017

2 연합뉴스(2016.9.9). "당류 섭취량, 하루 각설탕 33개 이내로 줄이세요". https://www.yna.co.kr/view/AKR20160909153100017?input=1195m

(WHO)에서 발표한 적이 있는데, 교통 소음은 건강에도 악영향을 미치고 심하면 조기 사망으로까지 이어질 수 있다. 도로면과 타이어의 마찰이 소음을 발생시킨다. 타이어와 도로의 마찰로 최악의 경우, 시속 50km만 넘어도 소음이 발생한다. 소음을 잡기 위해서는 도로 표면에 대한 표준과 타이어의 소재 표준이 각각 필요함을 알 수 있다.

유럽경제위원회(UNECE)는 타이어 소음을 통제하기 위한 법적 제한을 발표했으며 선진국 대부분이 이 법을 지키고 있다. 또한 유럽연합 집행위원회(European Commission)는 회원국들이 주요 도로를 따라 교통 소음을 정기적으로 보고하고 과도하다고 판단되는 경우 감소 프로그램을 개발할 것을 요구하고 있다.[3]

도로 표면과 교통 소음의 상관관계

ISO 11819-2: 2017 음향 — 도로 표면이 교통 소음에 미치는 영향 측정 — 파트 2: 근접소음측정법(Close-Proximity Method, CPX)

ISO 11819-2: 2017은 교통 소음에 영향을 미치는 다양한 노면을 평가하는 방법을 지정한 표준이다. 이 표준은 시간 당 40km의 일정한

표준번호	제목	비고
ISO 11819-2:2017	음향-도로 표면이 교통 소음에 미치는 영향 측정 파트2: 근접소음측정법(CPX)	
ISO/TS 11819-3:2017	음향-교통 소음에 대한 도로 표면의 영향 측정 파트3: 참조 타이어	철회
ISO/TS 13471-1:2017	음향-온도가 타이어/도로 소음에 미치는 영향 측정 파트1: CPX 방법으로 테스트할 때 온도 보정	

<표 1-2> 교통 소음을 측정하기 위한 표준 (출처: ISO)

3 Maria Lazarte(2017.6.30). ISO TACKLES LOUD TRAFFIC NOISE, http://bsiblog.co.kr/archives/7025

<그림 1-21> OBSI 방법과 마이크로폰 구성[근접소음측정법(CPX)]

속도로 평평한 도로에서 차량 흐름이 원활하게 이동하는 교통상황에 적용된다. 교차로나 교통이 혼잡한 다른 주행 조건에서 소음 배출에 대한 노면의 영향이 더 복잡하고, 무거운 차량의 비율이 높은 도로의 경우도 마찬가지이다.

도로 표면의 소음 특성을 비교하는 표준 방법은 도로 및 환경 당국이 특정 소음 기준을 충족하는 노면 사용에 대한 일반적인 관행이나 제한을 수립하기 위한 기준을 제공하지만 이 표준에서는 이 부분을 다루지 않는다.

이에 비해 ISO 11819-1은 표면 사양 준수 여부를 확인하는 주요 목적, 유지 보수 및 조건(예를 들어 표면마모 및 손상, 막힘 및 다공성 표면의 세척과 음향 효과 확인 등), 도로 섹션의 세로 및 측면 균일성 확인, 조용한 도로 표면의 개발과 타이어와 도로 간 상호 작용에 대한 연구 등이다.

ISO/TS 13471-1:2017은 타이어/도로 소음 방출에 대한 온도의 영향을 결정하는 절차를 지정하는 표준이다. 타이어, 도로 및 주변 공기 온도로 간주되는 온도 조건을 설정한 상태에서 측정한다. 소음 방출은 ISO 11819-2 또는 지정된 온보드 사운드 강도(On-Board Sound Intensity

Method, OBSI) 방법과 유사한 방법으로 측정한다. OBSI 방법은 타이어와 도면과의 마찰에 의한 소음을 측정하는 기법으로 제너럴 모터스사에서 1980년대 초 연구목적으로 개발되었다. 최근 OBSI 방법은 고속도로에서 소음을 측정하기 위해 적용되었다.[1]

특정 온도에서 얻어진 측정 결과는 본 표준에서 명시한 교정 절차를 사용하여 지정된 기준 온도(20°C)로 정규화된다. 이 외에 ISO/TS 13471-2 '음향 - 타이어/도로 소음 측정에 대한 온도 영향 — 파트 2: 통과 방법으로 테스트할 때 온도 보정'은 2021년 2월 현재 개발 진행중이다.

보건의료에는 정말 많은 표준들이 필요해요

인간의 건강과 생명을 다루는 보건의료에서 표준은 안전성과 신뢰성을 보장하는 기준이 된다. 병원에 가면 혈압을 재게 되는데 혈압계는 의료기기에 속한다. 의사의 진료를 받을 때 환자는 자신의 증상을 이야기하게 되고, 의사는 이 내용을 종이 의무 기록에 기재하거나 전자 의무 기록과 같은 병원정보시스템에 입력한다. 기록 매체가 종이든 전자든 환자의 증상과 진단명을 기재하는 형식과 서식 항목도 표준화되어 있다. 증상과 진단명을 기재/입력할 때 사용하는 의료 용어는 의학용어, 영어, 한글, 한자, 라틴어 및 기호를 포함한다. 진료 목적으로 작성된 보건의료정보는 타 병원 진료, 보험 청구 및 질병 감시 자료 보고 등 다양한 목적으로 병원 내부와 외부 시스템 간 자료를 송수신(병원 간 보

---

1 André de Fortier Smit, Jorge Prozzi and Alessandra Bianchini, EVALUATION OF THE OBSI METHOD, 10th CONFERENCE ON ASPHALT PAVEMENTS FOR SOUTHERN AFRICA http://www.aapaq.org/q/2011st/CAPSA2011/FA2_04_84_1049.pdf,

건의료정보 교환을 하거나 건강보험심사평가원 및 국민건강보험공단에 자료를 제출할 경우)하게 된다. 다른 시스템과 연동하려면 보건의료정보표준을 준수해야 한다. 표준을 준수하지 않으면 해석의 오류를 낳게 되어 환자 안전이 위협받게 된다. 표준은 의료인 간 정확한 의사소통을 돕고 다양한 이해관계자들 사이에 동일한 해석을 가능하게 하는 기준이 된다. 환자가 이사를 하거나 집중치료를 받을 목적으로 다른 병원으로 전원해야 한다면, 병원은 온라인 진료정보교류사업에서 정한 표준규격에 맞춰서 다른 병원으로 정보를 보내야 한다. 이 때 만일 같은 환자의 정보가 아래와 같이 병원마다 다르게 표현되어 있다고 가정해 보자.

A 병원: 주요 증상: 왼쪽 무릎에 통증

B 병원: 주 호소: 무릎 통증(+), 왼쪽

C 병원: chief complaint: 통증, 부위: 무릎 왼쪽

표기 방식은 다르지만, 내용은 동일하게 환자의 왼쪽 무릎에 통증이 있다는 사실을 나타낸다. 위와 같이 증상이나 진단명의 표기 방식이 달라도 이를 같은 의미로 처리할 수 있는 표준들도 HL7이라는 사실상 표준화기구에서 만들어지고 있다.

진료를 받고 난 후 진단검사의학과에 가서 피검사와 소변검사를 받는다. 이때 검체를 분석하는 진단장비 역시 표준화 대상이다. 진단검사의학과 정도관리에 필요한 기준들도 마련되어 있다. 외과적 시술과 수술에 필요한 기구 역시 표준화 대상이다. 의료기기의 투명한 유통과 추적 관리를 위한 표준으로 GS1에서 만든 코드가 사용된다. 인체에 삽입한 의료기기가 체내에서 유통기한을 넘겨 기능이 중단되거나 염증을 일으키는 등 부작용이 발생하는데, GS1표준을 사용해서 이러

한 문제를 예방할 수 있다. 인체를 대상으로 사용되는 모든 종류의 의료기기는 식품의약품안전처의 규제 대상인데, 규제에 사용하는 규정과 지침의 대부분이 ISO 및 IEC에서 개발한 국제표준을 준용한 것이다. 2020년에 한국의 식약처는 국내 기업의 혈압 측정 모바일 앱을 '의료기기'로 처음 허가하였다. 엑스레이, CT 등 영상의학과에서 검사한 영상검사결과를 스마트폰 앱으로 전송하는 소프트웨어도 식약처의 허가를 받았다. 모바일 앱 형태로 작동하는 소프트웨어 기반 의료기기는

기구	표준화 영역
IEC/TC 61	Safety of household and similar electrical appliances
IEC/TC 62	Electrical equipment in medical practice
ISO/TC 76	Transfusion, infusion and injection equipment for medical and pharmaceutical use
ISO/TC 84	Devices for administration of medicinal products and intravascular catheters
ISO/TC 94	Personal safety -- Personal protective equipment
ISO/TC 106	Dentistry
ISO/TC 121	Anaesthetic and respiratory equipment
ISO/TC 124	Wearable electronic devices and technologies
ISO/TC 150	Implants for surgery
ISO/TC 157	Non-systemic contraceptives and STI barrier prophylactics
ISO/TC 168	Prosthetics and orthotics
ISO/TC 170	Surgical instruments
ISO/TC 172	Optics and photonics
ISO/TC 194	Biological evaluation of medical devices
ISO/TC 198	Sterilization of health care products
ISO/TC 210	Quality management and corresponding general aspects for medical
ISO/TC 212	Clinical laboratory testing and in vitro diagnostics test systems
ISO/TC 215	Health informatics
ISO/TC 249	Traditional Chinese medicines
ISO TC 261	Additive manufacturing
ISO/TC 276	Biotechnology
ISO/TC 304	Healthcare organization management

<표 1-3> 보건의료 관련 국제표준화 기구 (출처: 저자)

ISO와 IEC가 공동으로 참여하는 조인트 작업반(Joint Working Group)에서 개발 중이다. 의료 영상용 표준은 DICOM이라는 사실상 표준이 사용되고 있다.

정리하면 의료기기는 IEC/TC 62, 보건의료정보는 ISO/TC 215, 착용형 의료기기는 IEC/TC 124, 수술용 도구는 ISO/TC 170, 치과용 도구는 ISO/TC 106, 의료제품의 멸균 기준은 ISO/TC 198, 3D프린팅은 ISO/TC 261, 체외진단기기는 ISO/TC 212, 보건경영은 ISO/TC 304에서 담당한다.

최근에는 인공지능, 빅데이터, 클라우드, 사물인터넷, 블록체인 등 최첨단 기술 관련 산업표준은 ISO/IEC JTC 1 산하 분과위원회에서 개발되고 있다.

ISO와 IEC가 운영 중인 보건의료 관련 기술위원회는 〈표 1-3〉과 같다.

인류의 일상을 바꾼 코로나19

2019년 12월 31일 중국 후베이성 우한에서 첫 환자가 발생한 코로나19는 인류에게 많은 숙제를 남겼다. 2020년 12월 영국에서 처음 백신 접종이 시작되었지만 아직 집단 면역 수준에 도달하지 못하였고 빠르면 2021년 11월 늦으면 3년이 걸릴 것이라는 전망이 나왔다. 확진자의 폭증으로 미국을 비롯한 의료 선진국들조차 병상 부족으로 어려움을 겪었고, 마스크와 같은 개인 보호 장비나 에크모와 같은 의료기기 공급이 어려워지면서 공중보건이 마비되고 많은 사망자가 발생하였다.

ISO와 IEC산하의 보건의료 관련 기술위원회는 앞서 언급한 바와 같이 의료기기, 수술 재료, 의료정보, 웨어러블 기기 등 의료 전반에 관한 표준을 개발하고 배포 중이다. 최근 이 두 국제표준화기구는 의미

표준번호	표준명
ISO 374-5:2016	위험한 화학 물질 및 미생물에 대한 보호 장갑 - 5부: 미생물 위험에 대한 용어 및 성능 요구 사항
ISO 10651-3:1997	의료용 폐 인공호흡기 - 3부: 응급 및 수송 인공호흡기에 대한 특정 요건
ISO 10651-5:2006	의료용 폐 인공호흡기 - 기본적인 안전 및 필수 성능에 대한 특정 요구 사항 - 5부: 가스 구동 응급 소생기
ISO 10993-1:2018	의료기기의 생물학적 평가 - 1부: 위험 관리 프로세스 내 평가 및 테스트
SO 13485:2016	의료기기 - 품질 관리 시스템 - 규제 목적 요건
ISO 13688:2013	보호복 - 일반 요구 사항
ISO/TS 16976-8:2013	호흡기 보호 장치 - 인적 요인 - 8부: 인체공학적 요인
ISO 18082:2014	마취 및 호흡기 장비 - I SO 18082:2014/AMD 1:2017, 개정 1
ISO 18562-1:2017	의료 응용 분야에서 호흡 가스 경로의 생체 적합성 평가 - Part 1: 위험 관리 프로세스 내의 평가 및 테스트
ISO 19223:2019	폐 인공호흡기 및 관련 장비 - 어휘 및 의미론
ISO 20395:2019	생명공학 - 핵산 표적 서열에 대한 정량화 방법의 성능을 평가하기 위한 요구 사항 - qPCR 및 dPCR
ISO 22301:2019	보안 및 복원력 - 비즈니스 연속성 관리 시스템 -요구 사항
ISO 22316:2017	보안 및 복원력 - 조직 복원력 - 원칙 및 속성
ISO 22320:2018	보안 및 복원력 - 비상 관리 - 사고 관리 지침
ISO 22395:2018	보안 및 탄력성 - 지역 사회 탄력성 - 비상 시 취약한 사람들을 지원하기 위한 지침
ISO 22609:2004	감염성 제제에 대한 보호를 위한 의류 - 의료용 마스크 - 합성 혈액에 의한 침투에 대한 저항성 검사 방법(고정 부피, 수평 투영)
ISO 31000:2018	위험 관리 - 지침
ISO/PAS 45005:2020	산업 보건 및 안전 관리 - COVID-19 감염병 중 안전한 작동을 위한 일반적인 지침
ISO 80601-2-12:2020	의료용 전기 장비 - 파트 2-12: 기본 안전 및 중환자 실기의 필수 성능에 대한 특정 요구 사항
ISO 80601-2-79:2018	의료용 전기 장비 - 부품 2-79: 환기 장애를 위한 환기 지원 장비의 기본 안전 및 필수 성능에 대한 특정 요구 사항

<표 1-4> ISO 표준 목록 (출처: 안선주, 박해범 외(2021.3). 코로나19 대응 경험에 기반한 K-방역모델의 국제표준화. ≪표준인증안전학회지≫, p.52)

있는 행보를 시작했다. ISO와 IEC는 코로나19와의 싸우고 있는 국가와 제조업체들을 위해서 이례적으로 관련 표준 목록과 표준 문건들을 웹사이트에 공개한 것이다. 이는 의료 관련 제품을 개발하는 업체나

표준번호	표준명
IEC 60601-1 : 2005+AMD1	2012 CSV, 의료 전기 장비-파트 1 : 기본 안전 및 필수 성능에 대한 일반 요구 사항
IEC 60601-1-2	2014 의료 전기 장비-파트 1-2 : 기본 안전 및 필수 성능에 대한 일반 요구 사항 - 전자기 장애-요구 사항 및 테스트
IEC 60601-1-6	2010 + AMD1 : 2013 CSV, 의료 전기 장비-파트 1-6 : 기본 안전 및 필수 성능에 대한 일반 요구 사항 - 보조 표준 : 사용성
IEC 60601-1-8	2006 + AMD1 : 2012 CSV, 의료 전기 장비-파트 1-8 : 기본 안전 및 필수 성능에 대한 일반 요구 사항-담보 표준 : 의료 전기 장비 및 의료용 경보 시스템에 대한 일반 요구 사항, 테스트 및 지침 전기 시스템
IEC 60601-1-11 : 2015	의료 전기 장비-파트 1-11 : 기본 안전 및 필수 성능에 대한 일반 요구 사항 - 담보 표준 : 가정 의료 환경에서 사용되는 의료 전기 장비 및 의료 전기 시스템에 대한 요구 사항

<표 1-5> IEC 표준목록 (출처: 안선주, 박해범 외(2021.3).
코로나19 대응 경험에 기반한 K-방역모델의 국제표준화. ≪표준인증안전학회지≫, p.53)

기존 조립 라인을 인공호흡기 생산으로 전환하는 업체가 무료로 사용할 수 있도록 하기 위한 조치였다.

ISO가 코로나19 대응을 위해서 공개한 표준 목록은 〈표 1-4〉와 같다. 인공호흡기, 마취 및 호흡기 장비와 보호복에 대한 일반 요구사항과 의료기기 관련 요구사항들이다.

IEC는 ISO와 마찬가지로 감염병 대유행과 관련한 표준을 예외적으로 제공하기로 결정했다. 해당 표준은 중환자실 인공호흡기에 대한 표준이 주를 이룬다(〈표 1-5〉 참조).

위 표준 목록 중 ISO/PAS 45005만이 2020년 7월에 제안되어 2020년 12월에 발간 완료되었다.[1]

---

1 PAS(Publicly Available Specification)는 무료 공개 목적으로 개발되는 규격이다.

구분		표준화 분야	추진 일정
감염병 진단 기법	단기	① 유전자 증폭기반 진단기법(RT-PCR) 다양한 감염병 진단에 사용할 수 있는 핵산증폭방식 체외진단검사에 대한 절차 및 검사방법 표준화	2020년 2월 국제표준안(DIS) 투표 통과 2020년 11월 국제표준(IS) 제정 예정
	중기	② 감염병 진단기법 관련 시약·장비 및 테스트 방법 감염병 진단검사에 필요한 진단시약, 장비 종류 및 각 단계별 사용법, 검사기법 등 표준화	2020년 상반기 분야 선정 및 표준안 개발 2021년 상반기 신규작업표준안(NP) 제안
선별 진료소 운영 시스템	단기	③ 자동차 이동형(Drive-Through) 선별진료소 표준 운영 절차 피검사자가 자동차로 이동하면서 검사하여 신속한 검체 채취 및 교차 감염을 최소화할 수 있는 선별진료소의 운영 절차 표준화	2020년 4월 자료 수집 및 표준안 작성 2020년 4월 7일 신규작업표준안(NP) 제안 2020년 5월 4일~7월 27일 NP 채택을 위한 투표
	단기	④ 도보 이동형(Walk-Through) 선별진료소 표준 운영 절차 공항, 병원, 보건소 등에 설치되어 감염병 의심자가 도보로 이동하면서 검체를 채취하는 선별진료소의 운영 절차 표준화	2020년 5월 자료 수집 및 표준안 작성 2020년 6월 1일 신규작업표준안(NP) 제안
	단기	⑤ 이동형 음압 컨테이너 선별진료소 표준 운영 절차 의료진과 피검자의 체류공간을 분리하여 교차 감염을 막고, 설치가 간편한 이동형 선별진료소의 운영 절차 표준화	2020년 7월 자료 수집 및 표준안 작성 2020년 8월 신규작업표준안(NP) 제안
	중기	⑥ 선별진료소 양방향 테스트 부스의 기능 및 품질평가 기준 교차 감염 위험 없이 감염병 의심자의 검체를 채취할 수 있는 양방향 부스의 작동 방식, 요구 성능 및 품질 평가방법 표준화	2021년 상반기 국제표준안 개발 2021년 하반기 신규작업표준안(NP) 제안

<표 1-6> 검사·확진(Test) 단계 국제표준화 분야(6종)
(출처: 관계부처 합동(2020.6.11). K-방역 3T(Test-Trace-Treat) 국제표준화 추진전략.)

K-방역모델의 국제표준화

한국에서 코로나19 첫 확진자가 발생한 것은 세계보건기구(WHO)가 팬데믹을 선언하기 전이었고, 2020년 2월 들어 900명이 넘는 신규 확진자가 발생해서 전 세계가 우려할 정도로 상황이 심각했었다. 하지만 백신과 치료제 없이도 신종 전염병에 잘 대응한 한국의 방역모델에 대

구분		표준화 분야	추진 일정
자가 진단 + 격리 관리	단기	⑦ 모바일 자가진단 앱(App)의 요구사항 해외에서 국내로 입국한 사람이 검역 신고, 증상 자가진단, 선별진료소 위치 확인 등을 할 수 있는 앱(App)의 기능 표준화	2020년 7월 자료 수집 및 표준안 작성 2020년 8월 신규작업표준안(NP) 제안
	중기	⑧ 모바일 자가격리관리 앱(App)의 요구사항 자가 격리자의 격리 상황을 모니터링 하는 앱(App)의 기능 및 관리자 가이드라인(개인정보 보호 등) 표준화	2020년 하반기 자료 수집 및 표준안 개발 2021년 상반기 신규작업표준안(NP) 제안
관리 시스템	단기	⑨ 자가진단·문진 결과와 전자의무기록(EMR) 연동 방법 자기진단·문진 결과와 전자의무기록(EMR)을 연동하기 위한 의료 및 행정 용어, 프로토콜 등 표준화	2021년 상반기 자료 수집 및 표준안 개발 2021년 하반기 신규작업표준안(NP) 제안
	단기	⑩ 역학조사 지원시스템의 기능과 개인정보 보호 방법 확진자의 감염경로 식별 및 동선 추적을 위한 역학조사 지원시스템의 기능 및 개인정보 보호 방법 표준화	2021년 하반기 자료 수집 및 표준안 개발 2022년 상반기 신규작업표준안(NP) 제안

<표 1-7> 역학·추적(Trace) 단계 국제표준화 분야(4종)
(출처: 관계부처 합동(2020.6.11). K-방역 3T(Test-Trace-Treat) 국제표준화 추진전략.)

한 부러운 시선을 보내는 나라들이 많다.

외교부 자료에 따르면 40여 개국이 넘는 곳에서 한국의 대응 방식을 공유해주기를 요청했다. 미국 뉴스 채널 CNN, 영국 공영 방송 BBC에서도 우리나라의 대응 사례를 보도하거나, 앵커가 "왜 우리는 한국처럼 못하나?"하는 멘트를 하는 것을 들은 것도 여러 번이다. 그렇다면 우리나라의 팬데믹 대응 경험 중에서 국제사회와 공유하고, 다음 세대에도 귀감이 될 만한 방역 대책은 무엇인가?

운전자가 차량에 탄 상태에서 검사를 받는 '자동차 이동형' 검사 방식을 코로나19 상황에서 처음 도입하므로 전 세계의 이목을 끌었고 국내뿐만 아니라 국제 사회에도 순식간에 확산되었다. '자동차 이동형' 검사 방식이 야외에서 진행된 검사인 반면 '도보 이동형' 검사는 공중전화 부스 크기 정도의 박스에 검사자 혹은 피검사자가 들어가서 검사

구분		표준화 분야	추진 일정
격리	단기	⑪ 국가 간 감염병 전파 차단을 위한 특별 출입국 절차의 운영 지침 해외 유입 감염 차단을 위한 입국 관리 및 기업인 등 필수 인력의 안전한 국가 간 이동 보장 등을 위한 지침 표준화	2020년 7월 자료 수집 및 표준안 작성 2020년 8월 신규작업표준안(NP) 제안
	단기	⑫ 감염병 교차감염 차단을 위한 지침 병원 내 감염 차단을 위한 호흡기 병동 분리 운영, 확진자 이송 매뉴얼, 오염지역 소독 및 폐기물 수거 지침 등 표준화	2020년 8월 자료 수집 2020년 9월 표준안 작성 2020년 10월 신규작업표준안(NP) 제안
	중기	⑬ 감염병 대유행 상황에서의 개인위생 관리 및 사회적 거리두기 운영 지침 약물학적 수단(백신과 치료제)이 없는 상황에서의 개인위생 수칙 및 복무, 행사진행 등 사회적 거리두기 지침 표준화	2020년 하반기 자료 수집 및 표준안 개발 2021년 상반기 신규작업표준안(NP) 제안
	장기	⑭ 감염병 재난 상황에서 사회 취약계층을 위한 필수 사회복지서비스 및 의료지원 가이드라인 거동이 불편한 고령자, 장애인 등 사회 취약계층에 대한 사회복지서비스 제공 및 의료지원 방안 등 표준화	2021년 하반기 자료 수집 및 표준안 개발 2022년 상반기 신규작업표준안(NP) 제안
치료	단기	⑮ 감염병 생활치료센터 운영 표준모형 감염병 대유행에 따른 병실 부족상황 발생시 경증 및 무증상 확진자를 관리·치료하기 위한 생활치료센터 운영 모형 표준화	2020년 6월 중 자료 수집 및 표준안 작성 2020년 6월 말 신규작업표준안(NP) 제안
	중기	⑯ 감염병 재난 상황에서 체외진단기기 등의 긴급사용 승인 및 후속 평가 감염병 대유행 시 진단시약·키트 등의 긴급 사용승인 절차, 평가 방법, 후속 조치 등 표준화	2020년 하반기 자료 수집 및 표준안 개발 2021년 상반기 신규작업표준안(NP) 제안
	중기	⑰ 증상에 따른 환자 분류 및 병실 관리 · 운영 지침 증상 정도를 척도화하여 중증도를 분류하고, 음압병실 등 적절한 치료시설에서 치료하기 위한 관리 · 운영 지침 표준화	2020년 하반기 자료 수집 및 표준안 개발 2021년 상반기 신규작업표준안(NP) 제안
	장기	⑱ 감염병 필수 진단기기/의약품/방역품/개인보호장비 (PPE)의 재고/유통/물류 관리 플랫폼 요구사항 중앙정부, 지자체 등이 의료자원(마스크, 진단키트 등)을 실시간으로 모니터링·관리하기 위한 플랫폼 표준화	2021년 하반기 자료 수집 및 표준안 개발 2022년 상반기 신규작업표준안(NP) 제안

<표 1-8> 격리·치료(Treat) 단계 국제표준화 분야(8종)

(출처 : 관계부처 합동(2020.6.11). K-방역 3T(Test-Trace-Treat) 국제표준화 추진전략.)

를 하거나 혹은 검사를 받은 형태인데 참신한 아이디어로 인해 외신의 큰 관심을 모았다. 코로나19 생활치료센터는 경증 환자를 분리해서 치료하는데 효과적이었다. 인공지능 콜센터, 모바일 증상 관리 앱 등은 ICT기술을 활용한 방역 효과를 극대화시킨 사례이다.

우리나라의 방역은 3T(Test-Trace-Treat)로 요약된다.[1] 정부와 민간 전문가들이 힘을 합쳐 2020년 5~6월에 걸쳐 K-방역모델에 기초한 국제표준화 로드맵 개발을 완료하였다. 이 로드맵에 따라 ISO에서 K-방역모델의 국제표준화를 추진 중이다.

K-방역모델의 국제표준화란 ① 검사·확진(Test) ② 역학·추적(Trace) ③ 격리·치료(Treat)로 이어지는 감염병 대응 과정에 걸친 절차 기법 등을 국제표준(18종)으로 제정 추진하는 것을 말한다. 이를 추진하는 이유는 감염병 방역, R&D 등의 과정에서 얻어지는 임상데이터, 표준물질, 시험방법 등을 표준화하여, 우리 바이오산업의 혁신 역량 강화 'K-방역모델'의 국제표준화를 통해 다양한 감염병 대응 모범사례를 공유함으로써 전세계 감염병 대유행(pandemic) 극복에 기여하고자 함이다.

검사·확진(Test)는 감염병을 정확히 진단하고, 확진자를 선별하기 위한 진단 시약·장비, 검사기법, 선별진료소 운영시스템 등 총 6종의 국제표준 후보 항목으로 구성된다(<표 1-6> 참조).

역학·추적(Trace) 단계는 자가 격리자 등을 효과적으로 추적, 관리하기 위한 모바일 앱(App), 전자의무기록(EMR), 역학조사 지원시스템 등 총 4종의 국제표준 후보 항목으로 구성된다(<표 1-7> 참조).

격리·치료(Treat) 단계는 확진자 등을 격리하고 치료하기 위한 생활치료센터 운영, 사회적 거리두기 지침, 체외 진단기기의 긴급사용 승

1 국내에서는 3T에 기반한 방역모델을 K-방역모델이라고 부르고 있다.

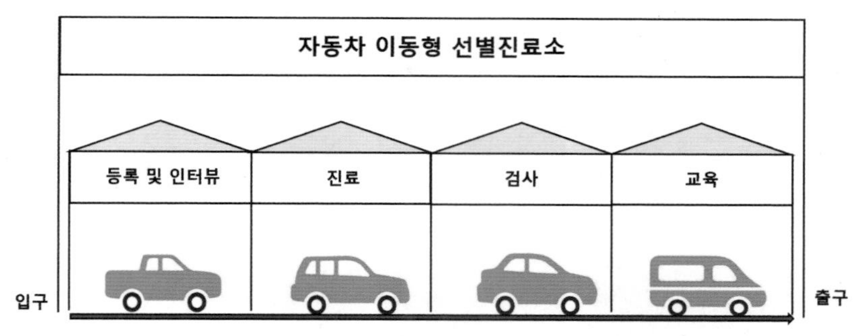

<그림 1-22> 자동차 이동형 선별진료소 절차 (출처: 저자)

인 절차 등 8종의 국제표준 후보 항목으로 구성된다(<표 1-8> 참조).

2021년 5월 현재 총 7종의 K-방역모델 국제표준안이 ISO로 제출되었고, 6종이 신규작업항목인 NP(New Work Item Proposal)를 통과하였다. 통과한 NP 중 '자동차 이동형', '도보 이동형', '생활치료센터' 표준운영절차는 '질의안 단계(DIS)'이다.

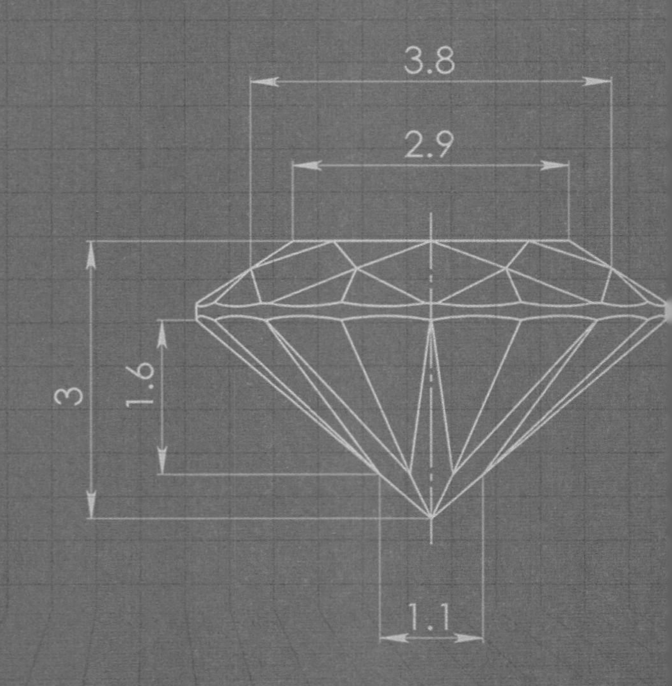
3.8
2.9
3
1.6
1.1

제2장

영화와 예능 속 표준이야기

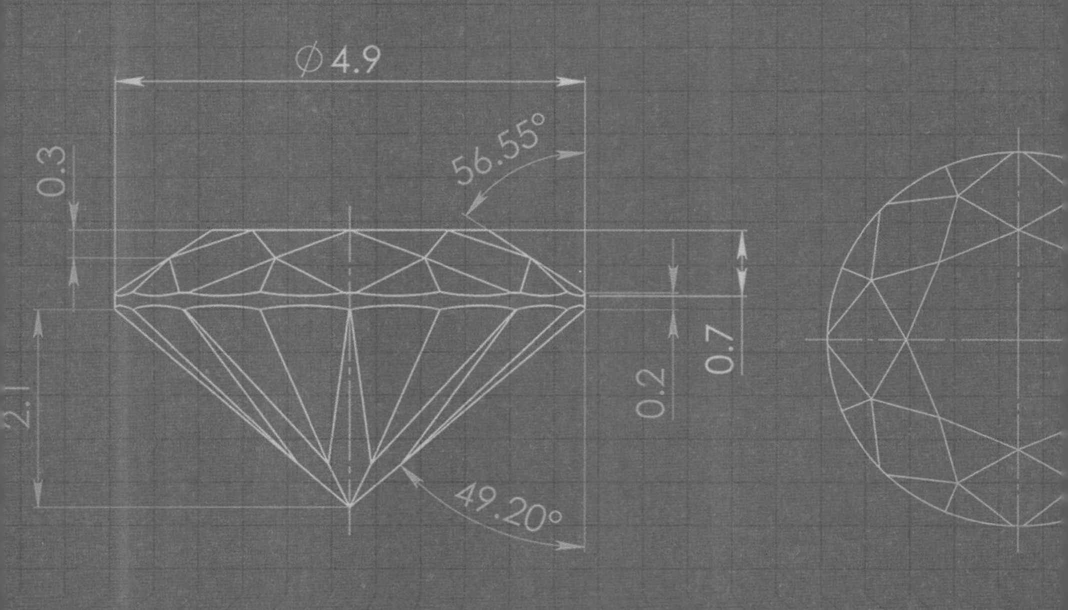

우주에서도 통한다

영화 극한직업(2019)

이것은 갈비인가? 통닭인가?

"수원 왕갈비 통닭 이것들이 진짜… 야, 정신 안 차릴래? 우리가 지금 닭 장사하는 거야? 야, 맨날 닭 튀기고 테이블 닦다 보니까 니들이 뭔지 잊어버렸어? 야, 그럼 아예 이 참에 사표 쓰고 본격적으로 닭집을 차리든가, 이 새끼들아! (전화 벨이 울리자 받는 고 반장) 지금까지 이런 맛은 없었다. 이것은 갈비인가 통닭인가. 예에~ 수원 왕갈비통닭입니다."

〈극한직업〉은 한국 영화 중 관객 동원 2위를 차지한 영화다. 주인공들은 국제 범죄조직의 국내 마약 밀반입 정황을 포착한 형사들로 팀의 맏형 고 반장(류승룡)은 장 형사(이하늬), 마 형사(진선규), 영호(이동휘), 재훈(공명)과 함께 잠복 수사에 나선다. 24시간 감시를 위해 범죄조직의 아지트 앞의 치킨집을 인수해서 치킨을 팔기 시작하는데, 절대 미각의 소유자 마 형사의 손맛으로 일약 맛집으로 부상한다. 범죄, 액션, 코미디 장르로 분류된 이 영화는 한국인의 소울 푸드인 통닭이라는 공감가는 소재를 다뤘다.

<그림 2-1> <극한직업> 영화포스터

퇴직금을 털어 장사 밑천으로 쓰고 있는 현실과 닮아서 서민들의 눈물샘을 자극하는 영화이기도 하다. 영화의 인기 때문에 영화 제작사는 수원 왕갈비 통닭에 대한 제조 레시피를 공개한 적이 있을 정도다.

이 맛있고, 재미있는 영화에 두 가지 표준이 숨어있다. 첫째는 국가표준인 KS H 3116 표준과 국제표준 ISO 668 화물 컨테이너 표준이다.

치킨 맛도 약속되었다

간장, 된장, 고추장, 김치는 한국인이라면 날마다 섭취하는 식품들이다. 이런 가공식품의 표준화는 이미 완료되었다. 이른바 가공식품 표준화(KS)가 그것인데, 그 목적은 ① 합리적인 식품 및 관련 서비스의 품질향상이나

<그림 2-2> 치킨
(출처: 셔터스톡, 1227543817)

② 거래를 단순화하고, 공정한 소비, 소비의 합리화를 통하여 식품산업 경쟁력을 향상시키고 표준을 제정하고 보급함으로써 ③ 가공식품

의 품질 고도화 및 관련 서비스의 향상, 생산기술 혁신을 꾀하기 위함이다. 통닭 표준인 KS H 3116 표준은 특정 형태로 자른 닭고기와 닭구이에 대한 표준이다. 영화에 나오는 양념갈비통닭 표준은 없지만, 통닭(KS H 3116)과 양념갈비(KS H 3119) 표준이 있다. 통닭은 식용 가능한 닭의 부위를 정의하고 지방 분포, 제모 상태, 비육 상태 등의 겉모양과 미생물 수 등에 대한 기준이 마련되어 있으며, 통닭의 품질기준을 제시하고 있다.[1]

화물 컨테이너

화물 컨테이너 표준은 앞 부분에 소개하였다. <극한직업> 포스터에 주인공들의 발 아래 보이는 컨테이너 역시 ISO 규격에 따른 표준 화물 컨테이너임을 알 수 있다.

<그림 2-3> 컨테이너
(출처: 셔터스톡, 86690665)

인터스텔라(2014)

언젠가부터 한국인이 아침마다 챙기는 것이 핸드폰과 지갑 외에 또 하나 늘었다. 그날의 황사, 미세먼지, 초미세먼지 농도다. 청명해야 할 아침 하늘이 뿌옇게 재색과 회색으로 뒤덮인 것이 낯설지 않다. 맑은 날은 점점 보기 힘들어지고 있다. 중국도 마찬가지이다. 2018년 4

1 국가기술표준원(2021. 1.12). 지금까지 이런 표준은 없었다! 〈극한직업〉. https://post.naver.com/viewer/postView.nhn?volumeNo=30455965&memberNo=42709822

월 중국에서 개최된 ISO/IEC JTC 1/SC 42 AI 표준회의에 참석하러 북경에 갔을 때는 정말 눈을 뜰 수 없을 정도로 황사와 미세먼지가 온 도시를 덮었던 기억이 난다. 한 치 앞을 보기 힘들어 학회장에서 호텔까지 5분도 채 안 걸리는 거리를 힘겹게 걸어갔던 기억이 있다.

<그림 2-4> <인터스텔라> 영화 포스터

우리나라와 중국이 황사와 미세먼지로 고생하고 있기 때문에 〈인터스텔라〉는 우리에게 더 특별한 영화로 다가온다. 이 영화는 황사와 미세먼지로 세상이 멸망해가는 현상을 그렸다. 동시에 생명이 더 이상 살 수 없을 정도로 심각하게 오염된 지구를 대체할 행성을 찾아가는 이야기이다. 이른바 '나사로 프로젝트'다. 나사로는 성경에 나오는 인물로 죽었다가 예수 그리스도에 의해 다시 살아난 사람이다.

그렇다면 공기 중에 미세먼지 농도가 어느 정도면 심각하고 위험하다고 할 수 있는지 궁금해진다. 또 미세먼지와 초미세먼지를 나누는 기준은 무엇일까?

미세먼지의 측정과 경보

미세먼지(PM10)는 입자의 크기가 10㎛ 이하인 먼지이며, 초미세먼지(PM2.5)는 입자의 크기가 2.5㎛ 이하인 먼지를 말한다.[2] 날마다 우

2 환경정책기본법시행령[시행일:2015.1.1] [별표] 환경기준(제2조 관련)

미세먼지 농도별 예보 등급		
구분	농도	상세
좋음	PM_{10} 0~30(㎍/㎥) $PM_{2.5}$ 0~15(㎍/㎥)	대기오염 관련 질환자군에서도 영향이 유발되지 않을 수준
보통	PM_{10} 31~80(㎍/㎥) $PM_{2.5}$ 16~35(㎍/㎥)	환자군에게 만성 노출 시 경미한 영향이 유발될 수 있는 수준
나쁨	PM_{10} 81~150(㎍/㎥) $PM_{2.5}$ 36~75(㎍/㎥)	환자군 및 민감군(어린이, 노약자 등)에게 유해한 영향 유발, 일반인도 건강상 불쾌감을 경험할 수 있는 수준
매우 나쁨	PM_{10} 151(㎍/㎥) 이상 $PM_{2.5}$ 76(㎍/㎥) 이상	환자군 및 민감군에게 급성 노출 시 심각한 영향 유발, 일반인도 약한 영향이 유발될 수 있는 수준

<표 2-1> 미세먼지 농도별 예보 등급과 건강에 미치는 영향
(출처: 국가기술표준원(2021.4.6), 미세먼지, OOOO보다 작다? #미세먼지 표준매뉴얼)

리에게 미세먼지 농도를 알려주는 곳은 '에어코리아'이다. 전국 162개 시와 군에는 도로, 항만 등을 포함한 591개소에서 대기환경기준물질을 측정한다. 에어코리아는 측정된 자료를 하루 4번(오전 5시, 오전 11시, 오후 5시, 오후 11시), 4단계(좋음, 보통, 나쁨, 매우 나쁨)로 등급을 나눠서 공개한다.

에어코리아 사이트에서 전국 10개 권역에 대한 대기질 예보를 상시 파악할 수 있으며 미세먼지가 '매우 나쁨' 이상의 단계로 상승할 경우에는 해당 지역 지방자치단체장이 주의보 및 경보를 발령하도록 하고 있다. 현재 미세먼지 주의보는 '미세먼지(PM10) 시간당 평균 농도 150㎍/㎥ 이상(2시간 지속)', 경보 발령의 기준은 '미세먼지(PM10) 시간당 평균 농도 300㎍/㎥ 이상(2시간 지속)'이다.[1]

---

1 국가기술표준원(2021.3.23). 미세먼지, OOOO보다 작다? #미세먼지 표준매뉴얼. https://blog.naver.com/katsblog/222278530895

법체처에 따르면 현재의 예보 등급은 '대기 환경기준 선진화 방안 연구(환경부, 2017)' 결과를 기반으로 전문가 검토 및 공청회를 거쳐 결정된 것이다. 따라서 위 기준은 어디까지나 우리나라에서 통용되는 측정 기준과 예보 등급이다.

전 지구 차원에서 먼지와 황사 문제를 다루는 기구는 세계기상기구(World Meteorological Organization, WMO)이다. WMO는 기상 관측을 위한 협력을 목적으로 1950년에 설립된 유엔의 기상학(날씨와 기후) 전문 기구로 스위스 제네바에 본부가 있다. WMO는 황사와 먼지 폭풍 문제를 다루며, 이에 대한 경고 및 평가 시스템을 운영 중이다. 홈페이지에서 황사와 먼지 폭풍의 예측, 위성 이미지를 통한 관측과 예보 정보를 제공받을 수 있는데, 지역별 먼지 농도를 숫자와 그래프로 보여준다. 이는 우리나라처럼 황사, 미세먼지 및 초미세먼지로 고통받고 있는 나라에 꼭 필요한 정보이다.

WMO는 국제 파트너십을 통해 시의적절한 양질의 정보를 공유하는데 이 협력의 주축은 3개 지역 노드(node)를 통해 운영된다. 북아프리카, 중동 및 유럽 지역 센터는 스페인 바르셀로나의 지역 센터가 조정하고 주 기상청과 바르셀로나 슈퍼 컴퓨팅 센터가 관리 중이다. 아시아 지역 센터는 중국 기상청(CMA)이 주최하는 중국 베이징의 지역 센터에서 조정 업무를 맡고 있다. 미주 지역 센터는 최근 미국에 설립되었으며 바베이도스에 있는 카리브해 기상 및 수문 연구소가 관리하며 이 센터의 특징은 공기 중 먼지가 건강에 미치는 영향에 초점을 맞추어 운영 중이다. 국제적 협력을 통해서 황사와 미세먼지 저감을 위한 실효성 있는 대비책이 만들어져 전 세계인이 안심하고 숨을 쉬는 날이 하루 속히 오기를 기대해본다.

<그림 2-5> 도킹 장면 (출처: 셔터스톡, 1331821451)

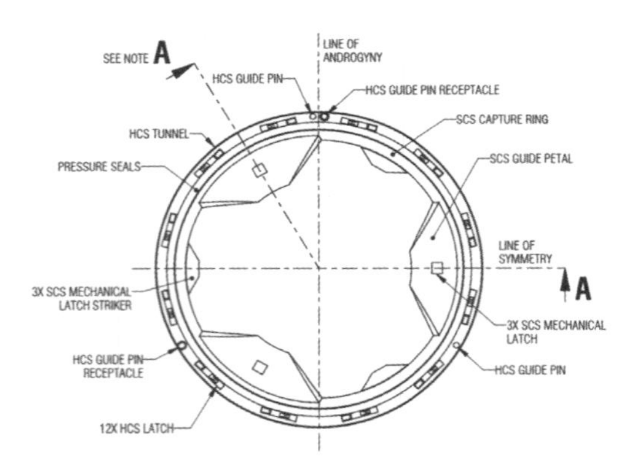

<그림 2-6> International Docking System Standard(IDSS) Interface Definition Document (IDD) (출처: NASA홈페이지, IDSS IDD, 2010.9.21)

도킹시스템

<인터스텔라>에는 손에 땀을 쥐게 하는 인듀어런스호의 도킹 장면이 나온다. 도킹이란 인공위성·우주선 등이 우주 공간에서 서로 결합하는 것을 뜻한다.[1] 우주선이 우주 공간에서 다른 비행체에 접근하여

1 Oxford Languages

결합하는 일[2]로 둘 이상의 우주선이 우주 공간에서 만나 서로 완전히 결합하는 것[3] 혹은 두 비행체가 기계적으로 맞물려 결합하는 것을 말한다.[4] 이 도킹은 인공위성의 수리나 연료의 보급, 유인 우주 활동의 전개, 우주 정거장이나 태양 발전 위성 등의 대형 구조물 조립에 불가결한 기술이다. 이는 규모와 장소만 다를 뿐 지구의 일상 속에서 나사, 볼트, 너트가 언제, 어디서나, 안전하게 필요한 물체를 연결하고 해체하는 것과 비슷한 원리이다. 우주에도 결합과 분리 기술인 도킹이 필요하다. 우주선의 도킹 어댑터 규격은 미국항공우주국(NASA)에서 개발했다.

기생충(2019)

2020년, 봉준호 감독의 〈기생충〉이 아카데미 시상식에서 최우수 작품상을 포함한 감독상·각본상·국제영화상을 받았다. 한국 영화사는 물론 92년 아카데미 역사를 새로 쓴 것으로 평가되는 〈기생충〉은 오스카상뿐만 아니라 명성 있는 많은 영화제에서 상을 휩쓸었다. 제77회 골든글로브 시상식에

<그림 2-7> <기생충> 영화포스터

---

2 네이버지식백과, 두산백과

3 과학용어사전

4 지형 공간정보체계 용어사전

서 한국영화 최초로 외국어영화상을, 제72회 칸국제영화제에서 한국영화 최초로 황금종려상을 수상했다.[1]

한 인터뷰에서 봉준호 감독에게 영화가 성공한 이유를 묻자, 비오는 날 가정부 문광(이정은)이 집으로 돌아왔기 때문인 것 같다고 답한 적이 있다. 문광은 자신이 살았던 남궁현자 선생님 저택 지하에 숨어 살고 있는 남편 근세(박명훈)을 만나기 위해서 비 오는 날 다시 돌아온다. 공포의 초인종 소리와 함께. 남편 근세는 자신이 살고 있는 집 주인(이선균)이 돌아올 때마다 지하에서 "리스펙!"을 외친다.

이마로 쳐서 보낸 신호

〈기생충〉에는 군대와 해상에서 사용되는 아주 중요한 표준이 나온다. 무엇일까? 바로 모스 부호이다.[2] 이 영화에서 인상적인 장면은 지하에 근세가 자신의 아내 문광의 위독함을 전하기 위해서 머리로 버튼을 세차게 내리쳐 신호를 보내는 장면이다. 하지만 절망적인 상황에서 근세가 센서 등으로 보내는 모스 부호를 막내 다송(정현준)이 정확하게 해독했는지는 영화에 나오지 않는다. 영화 결말 부분에서 이제 근세 대신 기택(송강호)이 자신의 아들 기우(최우식)에게 모스 부호를 보낸다. 이 때 기우는 기택이 보낸 모스 부호를 해석한다.

새뮤얼 핀리 브리즈 모스(Samuel Finely Breese Morse)의 부호

... --- ... 이 모스 부호는 무슨 뜻일까? 많은 사람의 생명을 구한 긴

---

1 김수정, 봉준호(2020.1.7). "기생충, 자본주의에 관한 영화… 美서 뜨거운 반응 예상". CBS노컷뉴스. https://www.nocutnews.co.kr/news/5268798

2 이 표준은 〈기생충〉뿐만 아니라 〈인터스텔라〉, 〈커런트 워〉 등 수많은 영화에 등장한다.

급 구조신호인 SOS(Save Our Ship 또는 Save Our Soul)이다. 모스 부호와 전신기의 발명가는 화가로도 알려져 있는 미국인 새뮤얼 핀리 브리스 모스(1791년 4월 27일 ~ 1872년 4월 2일)이다. 그는 어떻게 모스 부호를 만들게 되었을까?

<그림 2-8> 새뮤얼 핀리 브리즈 모스
(출처: https://wallbuilders.com/samuel-f-b-morse-what-hath-god-wrought/)

새뮤얼의 첫 번째 부인 루크레티아(Lucretia)는 1825년 2월 7일 25세의 어린 나이에 갑자기 사망했다. 그 당시 새뮤얼은 라파예트(Lafayette) 후작의 초상화를 그리는 의뢰를 받아 집을 떠나 있었다. 그의 아버지는 슬픈 소식이 담긴 편지를 보냈지만 새뮤얼은 며칠 동안 편지를 받지 못했다. 아내의 죽음을 알지 못한 그는 그녀가 사망하기 이틀 전 존 퀸시 아담스(John Quincy Adams) 대통령 선거와 라파예트와의 첫 만남에 대해 그녀에게 편지를 썼다. 그가 뉴 헤이븐 집으로 돌아왔을 때, 이미 장례식이 끝난 뒤였다. 새뮤얼이 그러한 뉴스를 즉시 보낼 수 있는 장치를 발명하기까지는 거의 20년이 걸렸다.[3]

모스 부호는 1843년 새뮤얼에 의해 개발되어 1844년 볼티모어와 워

<그림 2-9> 새뮤얼이 전신기로 보낸 첫번째 메시지
(출처: https://americanhistory.si.edu/collections/search/object/nmah_713485)

3 1793~1919년 의회도서관의 Samuel FB Morse Papers, https://www.loc.gov/collections/samuel-morse-papers/articles-and-essays/timeline/1791-1839/item/mmorse000009/

싱턴DC 사이 전신 연락이 최초로 시연되었다. 새뮤얼이 자신의 전신기로 시연할 당시, 워싱턴에서 볼티모어로 그의 조수에게 보낸 첫번째 메시지는 '하나님이 창조하신 것(What hath God wrought)'이었다.[1]

당시 어떠한 교통, 통신 수단과 비교할 수 없을 정도로 빠른 모스 부호 전신은 엄청난 반향을 일으켰고 웨스턴 유니온 전신회사(The Western Union Telegraph Company)와 신문사 등이 주요 고객이 되었다.

모스 부호 국제표준

새뮤얼이 개발한 원래의 모스 부호는 점과 공백의 패턴을 이용했다. 이후 여러 국가에서 모스 부호를 사용하게 되면서 이 패턴이 많은 비영어 텍스트를 전송하기에 부적절하다는 것이 확인되었다. 이 결함을 해결하기 위해 1851년 유럽 국가 회의에서 국제 모스 부호가 고안되었다.[2] 두 시스템은 비슷하지만 국제 모스 부호가 더 간단하고 정확하다. 예를 들어, 원래의 모스 부호에 비해 국제표준 모스 부호는 모든 글자에 대해 점(dot)과 짧은 대시(dash)의 조합을 사용한다. 즉, 짧은 발신 전류(·)와 긴 발신 전류(-) 조합으로 알파벳과 숫자를 표기한다. 또한 국제 모스 부호는 원래의 모스 부호에서 사용된 가변 길이 대신 일정한 길이의 대시를 사용한다. 국제 모스 부호는 1938년에 약간의 변경 사항을 제외하고는 처음부터 동일하게 유지되고 있다. 국제 모스 부호는 제2차 세계대전에서 사용되었다. 1990년대 초까지 해운업계와 해상 안전을 위해 많이 사용되었다.[3]

---

1 성경 민수기 23장 23절을 인용한 것이라고 전해진다.

2 이를 '대륙 모스부호(Continental Morse Code)'라고도 부른다.

3 Britannica(2020.9.18). The Editors of Encyclopaedia. "Morse Code". Encyclopedia Britannica, https://www.britannica.com/topic/Morse-Code.

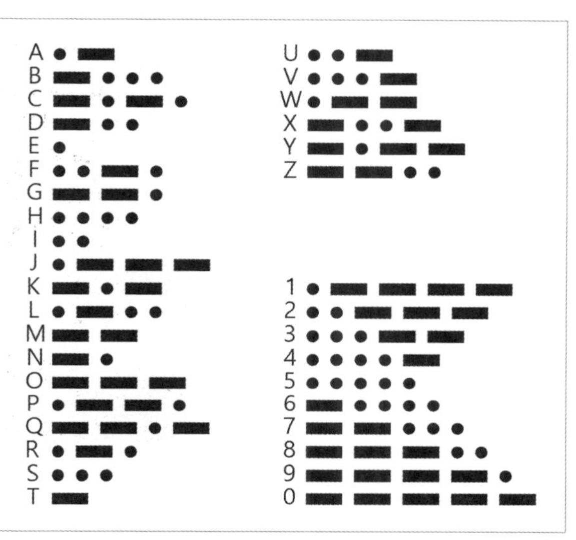

<그림 2-10> 모스 부호[4] (출처: 위키백과)

국제표준화기구 ITU에서 배포 중인 현대의 모스 부호 표준은 원래의 모스 부호에서 수정되었지만 1844년부터 사용된 모스 부호에 바탕하고 있다고 문서에서 밝히고 있다.[4] 국제표준 모스 부호의 주요 원칙은 첫째, 대시의 길이는 점의 3배로 하고 둘째, 한 자를 형성하는 선과 점 사이의 간격은 1개의 점과 같게 하며, 셋째, 문자와 문자 사이의 간격은 3개의 점과 같게 하며, 넷째, 단어와 단어 사이의 간격은 7개의 점과 같게 한다. 이 원칙에 따른 모스 부호 표준은 ITU가 배포하는 <그림 2-10>과 같다.

---

4 https://www.itu.int/dms_pubrec/itu-r/rec/m/R-REC-M.1677-1-200910-I!!PDF-E.pdf

5 https://ko.wikipedia.org/wiki/%EB%AA%A8%EC%8A%A4_%EB%B6%80%ED%98%B8, 2021.2.9. Recommendation ITU-R M.1677-1

찰리와 초콜릿 공장(2005)

<그림 2-11> <찰리와 초콜릿 공장> 영화 포스터

황금색 초대장

〈찰리와 초콜릿 공장(Charlie and The Chocolate Factory)〉은 영국의 소설가인 로알드 달(Roald Dahl)이 1964년에 발표한 소설을 영화한 것이다. 무대는 세계 최고의 초콜릿 공장인 '윌리 웡카 초콜릿 공장'. 마을 사람 모두가 이 공장과 공장 주인에 대해 궁금해한다. 하지만 그 공장에서 무슨 일이 일어나고 있는지 아는 사람이 없다. 그러던 어느 날, 이 초콜릿 공장 주인 윌리 웡카(Willy Wonka, 조니 뎁 Johnny Depp)는 전 세계에 판매되는 초콜릿에 '황금 티켓'을 넣어 두고, 이를 찾는 어린이 5명을 자신의 공장에 초대하고 초콜릿 만드는 모든 과정을 보여주겠다고 약속한다. 초콜릿 공장 옆에 작은 오두막집에 살고 있는 착한 소년 찰리(Charlie, 프레디 하이모어 Freddie Highmore)도 그 공장에 가보고 싶은 마음이 간절하다. 하지만 가난하기 때문에 찰리가 초콜릿을 먹을 수 있는 날은 일 년에 단 하루, 그의 생일 날이다.

전 세계에서 황금 티켓을 찾는 사람들의 소식이 TV를 도배하고, 이제 남은 티켓은 한 장이다. 희망이 없는 찰리가 눈 길을 걷다가 우연히 돈을 줍게 되고, 그 돈으로 산 초콜릿에서 마침내 황금 티켓을 발견한다. 찰리는 기적적으로 행운의 주인공이 된다. 윌리 웡카의 초콜릿 공장에는 초콜릿 강이 흐르고, 움파룸파족들이 설탕 보트를 타고 초콜릿 강을 건너간다. 이 신기한 광경에 입을 다물지 못하는 찰리. 초

<그림 2-12> <찰리와 초콜릿 공장> 속 한 장면

콜릿으로 가득한 신비한 동화의 세계처럼 보이지만, 한편으로 기괴한 초콜릿 공장과 그 주인 윌리 웡카가 매우 인상적인 영화다.

치약 뚜껑 닫는 로봇의 등장

이 영화에서 사람들이 윌리 웡카의 초콜릿을 점점 많이 사 먹게 되면서, 사람들의 충치도 늘어나, 치약도 덩달아 많이 팔리게 되었다. 찰리의 아버지는 과거에 치약 공장에서 치약 뚜껑을 닫는 일을 했다. 그런데 어느날 자신이 하던 일을 대신할 로봇이 들어오면서 실직하게 되었다. 위 그림 속 빨간색 기계가 바로 그 치약 뚜껑 닫는 기계다. 로봇으로 인한 실직이 이 영화에서 드러나고 있는데, 다행히 찰리의 아버지는 나중에 복직하게 된다. 이 로봇이 잦은 고장을 일으켜 이를 수리하는 사람으로 말이다.

사실 치약을 생산할 때도 표준화된 제조 기준을 따라야 한다. 우리나라 식품의약품안전처에서는 '의약외품 표준제조기준'을 고시하고 있으며, 국제표준화기구 ISO/TC 106은 구강 건강 관리의 표준화를 담당하는 기구로, 치과용 제품의 성능, 안전 및 사양 요구 사항과 테스트 방법을 표준화한다.

SUBCOMMITTEE	SUBCOMMITTEE TITLE	PUBLISHED STANDARDS	STANDARDS UNDER DEVELOPMENT
ISO/TC 106/SC 1	Filling and restorative materials	24	7
ISO/TC 106/SC 2	Prosthodontic materials	29	11
ISO/TC 106/SC 3	Terminology	10	2
ISO/TC 106/SC 4	Dental instruments	77	11
ISO/TC 106/SC 6	Dental equipment	18	6
ISO/TC 106/SC 7	Oral care products	13	3
ISO/TC 106/SC 8	Dental implants	9	5
ISO/TC 106/SC 9	Dental CAD/CAM systems	6	6

<표 2-2> ISO/TC 106 치과: 표준개발 동향 (출처: ISO/TC 106 홈페이지)

구체적인 표준으로는 의치 접착제, 수동 및 전동 칫솔의 일반 요구사항 및 테스트 방법, 치아 미백, 임플란트, 치아 색상 결정을 위한 색상표 등을 다룬다.

치아 색상 결정을 위한 색상표

윌리 웡카의 치아를 보면 자연치가 아닌 것 같다는 느낌을 주는데, 그 이유는 치아 색상과 모양이 자연스럽지 않아서이다. 어릴 때 교정기를 낀 모습도 나오는데, 그의 아버지는 치과의사였고, 윌리 웡카에게 초콜릿 등 단 것들을 일절 먹지 못하게 했지만 윌리는 불 속에 던져진 초콜릿 조각을 꺼내어 먹다가 그 맛에 완전히 매료된다.

단 음식을 많이 먹어서 충치가 생기거나, 커피를 마셔서 치아가 변색이 되는 경우가 많다. 혹은 사고를 당해서 치료 혹은 심미적 목적으로 치과 보철물이 많이 사용된다. 그런데 만약 여러분이 윗니 일부를 라미네이트 보철물을 씌운다고 가정해보자. 라미네이트를 입힌 치아의 색상이 옆의 다른 자연치와 색상과 밝기, 그리고 투명도 면에서 차이가 나는 것은 당연하다. 이런 색상 차이 때문에 자신의 원래 치아와 보철물의 색상이 확연히 달라 스트레스를 받고 치과의사 앞에서 아예 말을 하지 않는 사람도 본 적이 있다. 이런 문제를 어떻게 교정하면 좋을까?

ISO 22598:2020은 ISP/TC 104에서 2020년 4월에 발간한 치아 색상 결정을 돕는 색상표(탭) 표준이다. 즉, 자연치와 인공치의 색상을 비교하고 맞추기 위한 표준이다. 왜 색을 맞춰야 하는지는 앞에서 언급하였지만 치료실에서의 상황을 정리해보면 이렇다. 라미네이트, 세라믹 등과 환자의 치아는 동일하지 않고 조명의 종류나 밝기에 따라 그 색상이 확연히 달라 보인다. 때문에 치과의사는 정확한 색상을 찾기 위해서 자연광에서 치아와 세라믹을 관찰하게 된다. 아침 햇살 아래서 색상표를 이용해 환자 치아와 세라믹의 색을 정확하게 맞춰보면 좋지만 현실적으로 환자를 모시고 건물 외부로 나가는 것이 어렵기 때문에 자연광에 가까운 형광등 종류를 사용해서 파악한다. 그런데 만약 진료실(혹은 기공실)마다 다른 색상표를 사용한다면 치과의사와 기공사 간 의사소통이 제대로 될 리가 없다. 색채의 원리와 개별 색상에 대한 인식이 다양하다 보니 치과 업무에 종사하는 사람들 사이에서 수년 동안 논쟁이 있어왔던 이유이다.

이 표준은 치아 색상 매칭, 색상을 재현하고 검증하므로 성공적인 치과 치료와 시술을 위한 필수 요소를 정의한 문건이다. 치과 의사와 치기공사 간의 색상에 대한 정확한 의사소통을 돕는다. 환자의 입안에서 치아 색상을 결정하거나 이 문서에서 색상표라고 하는 치과 보철물의 색상을 확인할 때 필요한 색상 표현에 대한 요구 사항을 지정한다. 오늘날 치아 색상을 객관화하기 위해 다양한 시스템을 사용할 수 있는데, 이 중 가장 일반적인 방법은 세라믹으로 만든 치아 모양의 색상표로 구성된 색상 비교이다. 이 표준은 이러한 색상표에 대한 테스트 방법 또한 지정하고 있다.

윤스테이(2021)

시청자 취향 저녁

한국에서 가장 인기 높은 다큐 프로그램은 무엇일까? 2019년 6월 18일부터 20일까지 한국갤럽에서 성인 남녀 1,005명을 대상으로 실시한 '요즘 가장 좋아하는 TV 프로그램' 설문조사에서 MBN <나는 자연인이다>가 1위를 기록했다.[1] 이 프로그램은 도심에서 경쟁에 지친 사람들에게 대자연 속 산과 바닷속에서 맑은 공기 마시며, 농사 짓고 사는 사람들을 보여준다. 여유로운 삶을 보는 것만으로 시청자들이 위로 받았다는 뜻이다.

2021년 1월부터 방영을 시작한 <윤스테이>도 자연과 음식이 어우러진 내용으로 인기를 끌었다. 한적한 시골에서 밥을 해 먹는 <삼시세끼> 시리즈와 비슷하지만 <윤스테이>는 외국인 손님들이 한옥에 묵으며 한식과 온돌 문화를 체험하는 리얼리티를 담았다. 나영석 PD는 "한국 체류 1년 미만의 외국인들을 대상으로 한옥에서 아침과 저녁 식사를 제공하면서 한국의 정취를 경험할 수 있도록 하는게 프로그램 취지"라고 설명한 바 있다.[2] 방송사에 의하면 깊은 세월이 담긴 한옥에서 정갈한 한식을 맛보고, 다채로운 즐거움을 누리며, 고택의 낭만을 느끼는 시간이자 오롯한 쉼을 전달하는 프로그램이라고 설명한다.[3] 배우

---

1 정다운(2019.7.15). 나는 자연인이다-다큐 최초 한국인이 좋아하는 프로 1위. 매경이코노미. https://news.mk.co.kr/v2/economy/view.php?year=2019&no=520830

2 이유나(2021.1.8). "개고생 위하여" '윤스테이' 윤여정→ 최우식, 나PD 몰카 속 첫날 영업 시작 '성공', 조선일보, https://www.chosun.com/entertainments/entertain_photo/2021/01/08/I3QWV4ABKZZCGSRCF5ETHXCZ5I/
윤희정(2021.2.11). "가고 싶어도…" 인기 폭발한 '윤스테이' 숙소, 뜻밖의 근황 전해졌다, 위키트리. https://www.wikitree.co.kr/articles/619156

3 tvN 홈페이지 http://program.tving.com/tvn/younstay

<그림 2-13> <윤스테이> (출처: tvN 홈페이지)

윤여정, 이서진, 정유미, 박서준, 최우식이 직원으로 출연한다.

저자 또한 이 프로그램을 즐겨 보며 인기있는 이유를 나름 생각해 보았다. 아름다운 전라남도 구례의 한옥이 배경인데, 이 오래된 전통가옥을 보면 시간이 천천히 흐르는 것 같아 편안하다. 관리동 앞 곶감이 달린 경치도 매우 운치 있다. 손님들에게 내놓는 한식이 맛깔스럽다. 가끔씩 따뜻한 커피를 배달하기 위해 오르는 돌담길이 소담스럽다. 닭강정, 궁중 떡볶이, 백김치, 김부각 등 정겨운 음식을 선보인다. 무엇보다 이 프로그램은 한국인이 관심을 갖고 좋아(?)하는 네가지 요소가 기가 막히게 어우러져 있다. 첫째, 자연 속 한옥 둘째, 맛있는 음식 셋째, 다양한 연령층의 멋진 배우들 넷째, 이들이 능숙하게 영어로 투숙객들과 의사소통 하는 것이다.

〈윤스테이〉 촬영지는 구례의 한옥 게스트하우스 쌍산재라고 한다. 주변에 펼쳐진 대나무숲과 정원은 시청자들의 마음을 사로잡기에 충분하다. 그런데 이 프로그램에서 배우 최우식이 온돌을 설명하는 장면이 눈길을 끈다. 온돌방에 깔린 노란색 장판을 보았는가?

엉덩이가 따뜻한 한국의 겨울

시골 부엌으로 가보자. 아직도 가마솥과 부뚜막 아래 땔감으로 밥을 하는 집을 볼 수 있다. 한국의 겨울 밤은 전기가 들어오기 전까지만 해도, 호롱불을 켜고 온돌방에서 고구마와 동치미를 먹는 것이 일상이었다. 가까운 산에 가서 마련해 온 땔감으로 아궁이에 불을 지핀다. 소나무 낙엽은 아주 빼빼 말라서 그런지 '갈비'로 불리는데 불이 순식간에 붙기 때문에 불쏘시개로 알맞다. 소나무 갈비에 성냥으로 불을 지피면 발갛게 오그라들면서 타들어가는 모양이 신기하다 못해 신비롭다. 불 멍 때리기 안성맞춤이다. 아궁이 속 불이 타닥타닥 소리를 내다 활활 타기 시작하면 고구마 몇 개를 불 속으로 툭 던져 넣는다. 겉은 새까맣고, 속은 노릇하게 익을 때까지 기다린다. 이제 고구마를 꺼낸다. 이렇게 구워진 고구마를 방으로 가져간다. 앉자마자 엉덩이가 따뜻해지는 구들장에 온 가족이 앉아 달달하게 구워진 고구마에 시원한 동치미를 곁들인다. 이것이 기나긴 겨울 밤을 지나는 풍경이었다. 지금도 이러한 추억의 유전자가 흐르고 있어서 '찜질방'이라는 시설이 생겨난 것으로 보인다.

<그림 2-14> 군고구마
(출처: 게티이미지, RF 871071510)

한국인의 추억이 서려있는 온돌방. 〈윤스테이〉를 찾아온 외국인들은 이 온돌방을 어떻게 생각하고 있을까? 제6회를 보니 '동호회' 소속 투숙객이 "온돌 덕분에 어제 저녁에는 (자신이) 돌이었는데, 오늘은 사람이 되었다"며 유쾌한 이야기를 하는 것을 보면 그들에게도 온돌방에서 자는 것은 새롭고 따뜻한 경험임을 알 수 있다.

온돌의 구조와 원리

최우식은 외국 손님을 숙소로 안내하면서 온돌방에 대해 소개한다.

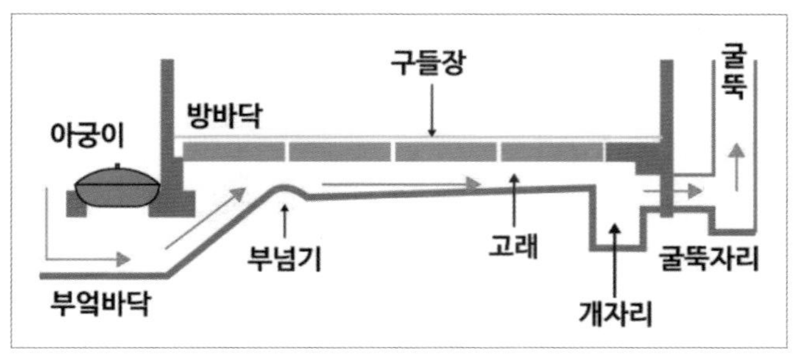

<그림 2-15> 온돌의 구조와 원리
(출처: 국립대구과학관, https://m.blog.naver.com/PostView.nhn?blogId=dnsmking&logNo=220916271634&proxyReferer=https:%2F%2Fwww.google.com%2F)

방바닥은 아주 뜨거운데, 얼굴은 추울 수 있다고. 온돌(溫突)이란 화기(火氣)가 방 밑을 통과하여 방을 덥히는 장치로서 온돌을 놓아 난방 장치를 한 것을 온돌방이라고 한다. 온돌방은 우리나라와 중국 동북부에서 발달한 난방장치다.[1] 온돌문화는 2천년 넘게 우리 문화 속에 자리잡고 있으며, 2018년 4월에는 국가 무형문화재 제135호로 지정되었다.[2] 당시 문화재청은 "온돌은 혹한의 환경에 적응하고 대처해온 한국인의 창의성이 발현된 문화이면서 고유한 주거 기술과 생활을 보여준다"고 문화재 지정 이유를 밝혔다.[3]

그렇다면 온돌의 구조와 원리는 어떨까?

온돌은 아궁이, 부넘기, 고래, 개자리, 굴뚝으로 구성된다. 온돌은

1 네이버 어학사전(검색일 2021.2.14).
https://dict.naver.com/search.nhn?dicQuery=%EC%98%A8%EB%8F%8C&query=%EC%98%A8%EB%8F%8C&target=dic&ie=utf8&query_utf=&isOnlyViewEE=

2 문화재청 국가문화유산포털, http://www.heritage.go.kr/heri/cul/culSelectDetail.do?VdkVgwKey=17,01350000,ZZ&pageNo=1_1_1_1

3 문화재청(2018.3.16). 「온돌문화」, 국가무형문화재 지정 예고–'자연환경에 대응한 지혜와 창의성 발현의 주생활' 가치 인정.

아궁이에서 불을 때면 서양의 벽난로와 다르게 연기를 바로 높은 굴뚝으로 내보내지 않고 불기운이 방 밑의 고래를 지나며 방바닥 전체를 데우고 가장 마지막에 굴뚝으로 빠져나가게 만들어졌다. 즉, 바닥 난방이 특징이며 방 내부에 연기를 발생시키지 않으면서 오래 난방할 수 있는 장점이 있다(<그림 2-15> 참조).

세계를 따뜻하게: 온돌 표준

온돌은 우리나라가 주도해서 2019년에 국제표준으로 제정되었다. 온돌 냉난방 시스템 관련 국제표준 12종의 제정을 우리나라가 주도해 오고 있다.[1] 온돌에서 발전되어 배관에 냉·온수를 순환시키는 현대식 온돌 냉난방 시스템은 공기의 대류를 이용하는 기존 방식보다 8~10%의 에너지를 절감할 수 있는 기술로 이러한 온돌 분야의 앞선 기술력을 바탕으로 아래와 같이 온돌 냉난방 시스템 설계, 기술규격, 시험방법, 제어 및 운영, 에너지 계산 등 표준을 선도하고 있다(<표 2-3>참조).

현대적인 보온 장치를 갖추지 못한 지역에서는 이 오래된 기법으로 거주지를 난방하는데 사용할 수 있다. 상업적으로 보면 국내 기술의 국제표준화로 상품화와 해외시장 진출에 유리하다. 우리의 기술력이 국제적으로 인정받아 앞으로 세계를 따뜻하게, 아니 뜨끈뜨끈하게 데울 것이다.

---

1 산업통상자원부(2019.9.23), 현대식 온돌 냉난방, 단열 분야 국제표준 주도권 강화한다. http://www.newsrep.co.kr/news/articleView.html?idxno=89851

항목	표준		제·개정 현황
ISO 11855 series 매입형(습식) 복사 냉난방 시스템	ISO 11855-1	시스템의 정의, 관련 용어에 대한 정의 및 기술적인 상세	개정 중
	ISO 11855-2	시스템의 냉난방 용량 산정 방법 상세	개정 중
	ISO 11855-3	시스템의 설계 상세	개정 중
	ISO 11855-4	바닥복사냉난방시스템의 동적 냉난방 용량 산정 방법 상세	개정 중
	ISO 11855-5	시스템의 설치, 시공 상세	개정 중
	ISO 11855-6	시스템의 제어 방법 상세	개정 완료
	ISO 11855-7	에너지 해석을 위한 입력 변수 상세	제정
ISO 18566 series 패널형(건식) 복사 냉난방 시스템[2]	ISO 18566-1	시스템 기본 요소 및 요구 사항 상세	제정
	ISO 18566-2	매입형 복사 패널의 냉난방 용량 산정 방법 상세	제정
	ISO 18566-3	매입형 복사 패널의 설계 상세	제정
	ISO 18566-4	매입형 복사 패널의 제어 방법 상세	제정
	ISO 18566-6	에너지 해석을 위한 입력 변수 상세	제정

<표 7> 한국이 주도하는 복사냉난방시스템(현대식 온돌 냉난방 시스템) 국제표준[3]

2 복사냉난방시스템이란 복사체(매립형, 패널형)에 냉수(15 ~ 17℃)와 온수(35~40℃)를 공급해 복사체의 표면온도를 조절하는 방식을 말한다.

3 위의 문헌

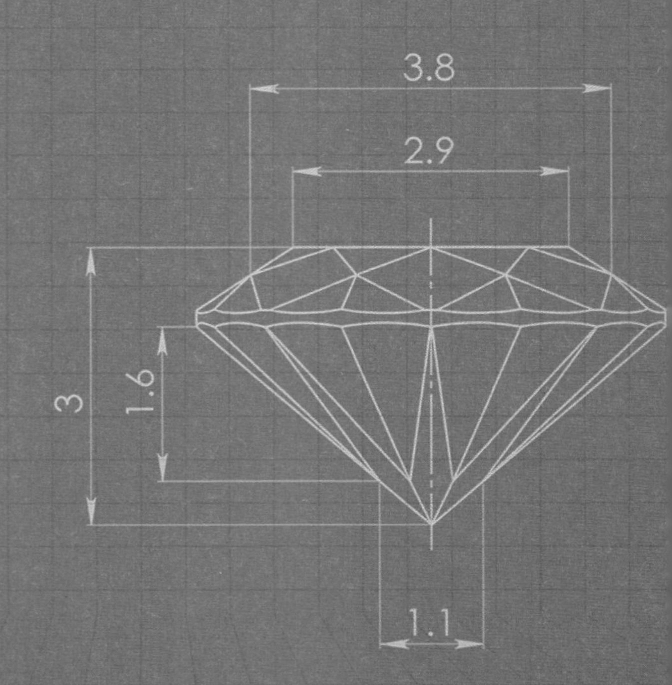
3.8
2.9
3
1.6
1.1

제3장

가장 인기 있는 국제표준

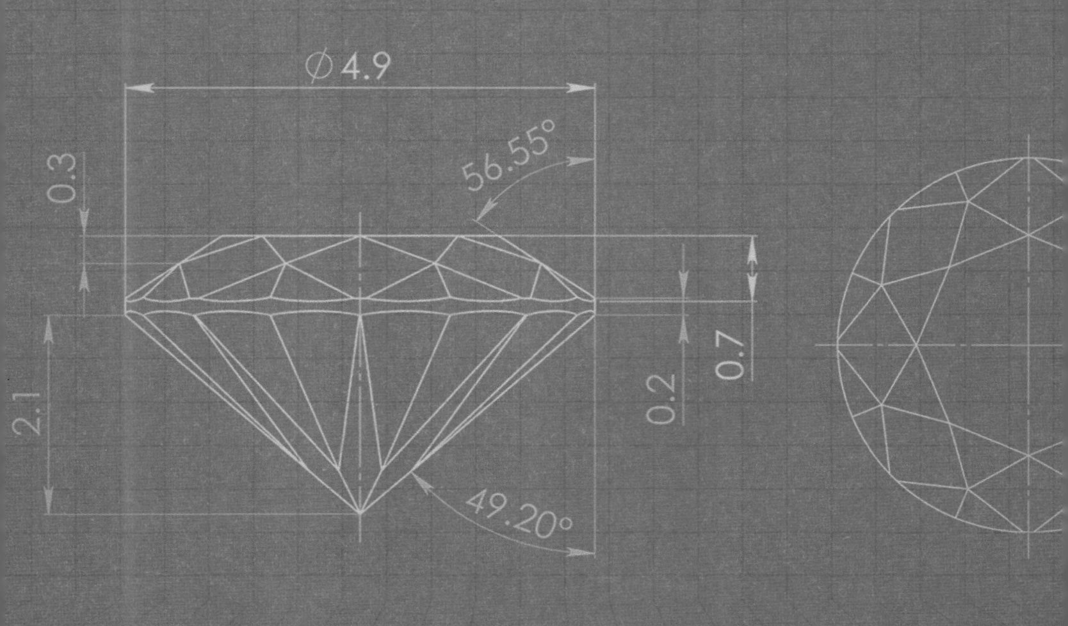

없을 땐 어떻게 살았을까?

ISO, IEC, ISO/IEC JTC1은 전 세계에서 가장 인기 있는 표준을 홈페이지에 소개하고 있다. 여기서 그 내용을 소개하고자 한다. 이 표준들의 특징은 지역, 국가, 개인차에 상관없이 전 세계에서 채택되어 사용 중이다.

날짜와 시간 표기 표준 ISO 8601

지금이 107년이라고요?

01072021. 이 날짜는 2021년 1월 7일일까? 7월 1일일까? 신용카드로 외국의 웹사이트에서 물건을 사본 적이 있는 사람이라면 한 번쯤 혼동되었을 법한 날짜 표기법이다. 저자도 아마존에서 도서를 구입할

때 헷갈렸던 적이 있다. 날짜와 시간을 표기하는 형식은 국가와 지역별로 달라서 같은 날짜 형식을 보고도 다른 의미로 해석할 수 있는 여지가 있다. 이러한 문제를 해결하기 위해서 이 표준은 국제적으로 호환되는 명확한 달력 및 시간 표기 방식을 제공한다.

세계는 모두 연결되어 있고, 전 세계인의 생활과 비즈니스에 영향을 미치는 다양한 날짜 규칙, 문화 및 시간대로 인해 발생할 수 있는 혼란을 제거하는데 도움이 되는 표준이다. ISO 8651은 세계 어디서나 호환되는 방식으로 날짜와 시간을 표기하는 방법을 제공한다. 이 표준이 없다면 문제가 발생할 수 있는데 만약 날짜가 숫자로 표시되면 국가별로 다른 방식으로 해석될 수 있다는 점이다. 예를 들어, 01/05/12는 2012년 1월 5일 또는 2012년 5월 1일을 의미할 수 있다. 날짜가 명확하지 않은 경우 회의 및 납품 일자를 정하고, 계약을 작성하고, 비행기표를 구입하는 것이 매우 어려울 수 있다. ISO 8601은 국제적으로 합의된 방법을 설정하여 날짜를 나타내는 이러한 불확실성을 해결한다. YYYY-MM-DD 표기법에 따라 2022년 9월 27일은 2022-09-27로 표시된다. ISO 8601은 표준화된 날짜와 시간 표현으로 날짜, 시간, 세계 협정시(UTC), 날짜와 시간, 시간 간격, 주간 수 결정을 포함한 반복 시간 간격을 정확하게 표기한다.

달력 속 규칙: 주간 수 결정법

살면서 많은 약속을 하게 된다. 날짜를 이야기하면서 약속을 정하는 경우도 있지만 몇 번째 주 무슨 요일에 만나자고 하는 경우도 많다.

친구에게 연락이 왔다. 당신에게 1월 첫째 주 금요일 오후 5시에 카페에서 만나자고 한다. 그러면 1월 첫째 주 금요일은 1월 1일과 8일 중 어느 날인가? 아래 달력에 빨간 박스로 표기된 주는 12월 마지막 주일

JANUARY / 2021

Monday	Tuesday	Wednesday	Thursday	Friday	Saturday	Sunday
28	29	30	31	1	2	3
4	5	6	7	8	9	10
11	12	13	14	15	16	17
18	19	20	21	22	23	24
25	26	27	28	29	30	31
1	2	3	4	5	6	7

<그림 3-1> 달력의 주간 (출처: 셔터스톡 이미지(1718101111)에 저자가 적색 박스 표시)

까? 1월 첫째 주일까?

많은 사람들이 헷갈려 한다. 1월 첫째 주 금요일은 1월 8일이다. 적색 박스로 표시된 기간은 1월 첫째 주가 아니라 12월 마지막 주이다. 어떤 월의 날짜가 그 주간의 과반수 이상을 차지하고 있는지가 그 주간 수를 결정하기 때문이다. 즉 위 달력을 보면 2020년 12월의 날짜가 4일을 차지하고 있어 1월의 첫 주가 아닌 마지막 주가 된다. 이는 ISO 8601 날짜 및 시각의 표기에서 제시한 기준이다.

그럼, 이 기준 외에 어떤 대안이 존재할 수 있을까? 예를 들면 해당 주의 월별 날짜 수와 관계없이 새로 시작하는 월의 주로 결정한다고 정할 수도 있는 것이다. 혹은 그 반대로 월별 날짜 수와 관계없이 끝나는 월의 주로 결정한다고 정할 수도 있는 것이다. 표준을 정할 때는 이러한 모든 대안들을 고민하게 된다. 최종적으로 합의에 이른 기준만이 국제표준이 된다. 이제 ISO 8601로 누구나 명쾌하게 주간 수를 결정할 수 있게 되었다.

사회적 책임 표준 ISO 26000

여기 책임자가 누구예요?

'사회적 책임'이란 국가나 기업이 지켜야 할 공적 책임으로 투명하고 윤리적인 의사결정과 활동으로 '사회적으로 기대되는 업무처리'와 '환경에 미치는 영향을 고려한 활동'을 말한다. 환경과 인권, 노동 관행, 조직 지배 구조, 공정한 운영 관행, 소비자, 지역 사회 참여 및 사회개발 부문에서 사회의 '지속 가능한 발전'에 기여하고, '윤리적 행동'으로 조직 전반에 사회적 책임의 실천을 생활화하는 것을 말한다. 사회적 책임에서 '지속 가능한 발전'이란 미래 세대의 욕구 충족 능력을 희생시키지 않는 범위 내에서 현재 세대의 욕구를 충족시키는 방안이다. 사회적 책임에서 '윤리적 행동'이란 특정 상황의 맥락에서 옳다고 인정된 원칙에 따른 행동을 지칭한다.

사회적 책임은 경제성장 과정에서 필연적으로 발생하는 빈부 격차로 사회적 불평등이 심화되면서 나타난 사회적 갈등을 해결하기 위해 만들어진 개념이다. 세계화와 국제화는 빈부격차를 심화시키는 요인으로 작용하는데 노동력 이동이 증가하면서 모든 조직에서 최저 임금 지급처럼 최소한 지켜야 할 규칙이나 기준을 만들 필요가 있었기 때문이다. 사회적 책임 표준(ISO 26000 Guidance on social responsibility)에서는 인권 보호 내용도 포함하는데 이는 기존의 유엔 인권선언, 국제노동기구의 인권 선언들과 같은 사회적 책임에 관련된 국제 협약을 대체하는 것이 아니라 보완하는 것이다.

7개 핵심 주제 영역

사회적 책임 표준은 7개 핵심 주제영역으로 구성된다. 7개 핵심 주제 영역은 사회적 위험과 영향을 파악하고 관리할 목적으로 선정되었다. 이러한 주제 영역 선정과정에는 다양한 이해관계자가 참여하였다. 전 세계 여러 이해관계자들 간의 5년 간 협상 끝에 만들어졌다. 즉, 전 세계 정부, NGO, 산업, 소비자 단체 및 노동 단체의 대표가 이 표준 개발에 참여하였다. 업종, 규모 또는 지리적 위치에 관계없이 모든 유형의 조직을 대상으로 기업과 조직이 사회적으로 책임 있는 방식으로 운영 할 수 있도록 하기 위해서이다.

2010년 11월 1일 초판 발행이 완료된 ISO 26000은 공공 및 민간분야의 모든 조직에 적용 가능한, 사회적 책임에 대한 최초의 표준이다. 책임 있는 방식이란 사회의 건강과 복지에 기여하는 윤리적이고 투명

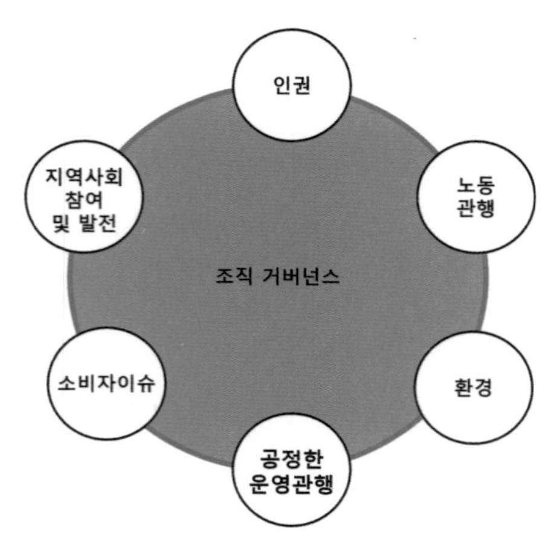

<그림 3-2> 사회적 책임: 7가지 핵심 영역
(출처: ISO 26000)

한 업무 관행을 말한다. 또한 사회적 책임이 무엇인지 명확히 하고, 기업과 조직이 이 책임을 효과적인 행동으로 전환하고, 전 세계적으로 사회적 책임과 관련된 모범 사례를 공유하도록 돕는다. <그림 3-2>에서 보다시피 조직 거버넌스, 인권, 노동 관행, 환경, 공정 운영 관행, 소비자 이슈, 지역사회 참여와 발전을 다룬다. 이 표준은 우리나라에서는 2012년 8월 30일 국제표준의 구성내용을 변경하지 않고 KS A ISO 26000:2012로 제정하였다.

산업 보건 및 안전 표준 ISO 45001

산업현장에서 안타까운 죽음을 당하는 노동자의 소식이 들려온다. 사전에 충분한 예방조치를 취했더라면 막을 수 있었던 희생이었다는 것을 사후에 깨닫게 되는 안타까운 상황이다. 국제 노동기구에 따르면 매일 7,600명 이상이 업무 관련 사고나 질병으로 사망한다. 이것이 산업 보건 및 안전 전문가로 구성된 ISO위원회가 산업 현장을 안전하게 만들기 위한 국제 표준을 개발한 이유이다. ISO에 의하면 45001로 매년 3백만 명에 가까운 생명을 구할 수 있는 것으로 조사되었다. ISO 45001은 ISO 14001 또는 ISO 9001 표준과 유사하게 관리시스템 표준에 속한다.

'ISO 45001: 2018 산업 보건 및 안전 관리 시스템 — 사용 지침이 있는 요구 사항'은 산업 보건 및 안전(OH & S) 관리 시스템에 대한 요구 사항을 지정하고 사용 지침을 제공하여 조직이 작업 관련 부상 및 질병을 예방하고 사전에 개선함으로써 안전하고 건강한 작업장을 제공할 수 있도록 한다. 산업 보건 및 안전을 개선하고, 위험을 제거하고자 하는 모든 조직에 적용되는 표준이다. 즉 시스템 결함을 포함한 산업 보건과 안전을 저해하는 결함을 최소화하고, 산업 보건 및 안전 관리를 해결하기 위해 관리 시스템을 구축하고 구현한다. '산업 보건 및 안전 관리시스템'의 목표는 첫째, 산업보건 및 안전관리시스템 운영 성과의 지속적인 개선, 둘째, 법적 요구 사항 및 기타 요구 사항의 충족, 셋째 산업 보건 및 안전관리시스템의 목표 달성이다.

<그림 3-3> 산업 안전
(출처: 셔터스톡, 1756653698)

뇌물방지 표준 ISO 37001

투명성과 신뢰는 모든 조직이 준수해야 할 경영의 기본 요소이다. 뇌물은 조직의 투명성과 공정성을 저해하고 불평등을 유발하며, 비즈니스의 성장과 발전을 저해한다. 뇌물을 주고 받는 관행은 모든 국가와 나라에서 신속히 제거되어야 할 사안이므로 ISO는 뇌물방지를 돕기 위한 표준 ISO 370001을 제정하였다. 뇌물을 방지하기 위한 표준이 있다니 놀랍다. 사실 앞서 언급한 사회적 책임 표준과 이 뇌물방지 표준은 과거 같으면 도덕이나 경영 도서에 나왔을 표준이다. 그럼에도 ISO에 속한 회원국들이 이 표준 제정에 합의했다는 사실은 그만큼 부정 부패가 모든 국가와 지역에서 근절되어야 할 심각한 문제이기 때문이다.

'ISO 37001 뇌물수수 방지 관리 시스템'은 공공 및 민간 부문 또는 비정부기구와 같은 자발적 조직을 포함해서 모든 국가와 조직에서 사용할 수 있는 뇌물방지 표준이다. 이 표준은 모든 유형의 조직이 뇌물 방지 정책을 채택하고 전사적으로 뇌물 방지 규정을 준수할 수 있도록 안내한다. 세부적으로는 뇌물방지 교육과 위험 평가 방법을 포함한다. 또한 프로젝트 및 동료에 대한 실사 감독관을 지정하여 뇌물수수를 체계적으로 예방하고 또 사전에 감지해서 이를 해결하는데 도움을 주도록 만들어졌다. 이 표준에서는 세계에서 가장 파괴적이고 도전적인 문제를 정면으로 해결하고 부패를 근절하기 위한 헌신적인 접근 방식을 제공한다. 조직의 규모와 성격, 그리고 조직이 직면한 뇌물 수수 위험에 따라 접근 방식을 조정할 수 있는 유연한 도구이다.

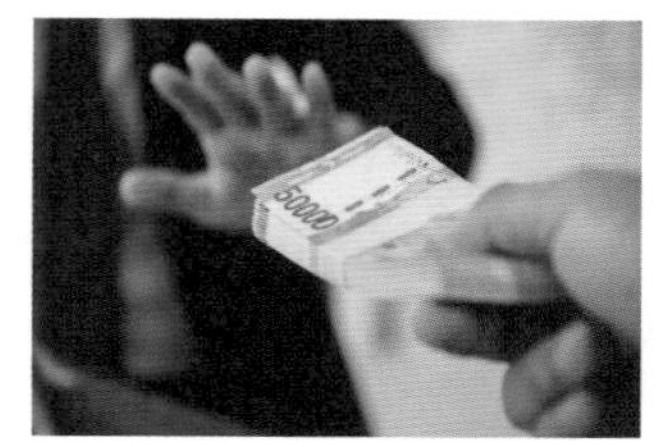

<그림 3-4> 뇌물
(출처: 셔터스톡, 608628641)

품질관리 표준 ISO 9000

ISO의 품질관리 표준은 유명하다. 전 세계에서 ISO 9000을 활용해서 인증을 받고 있으며, 이 인증이 소비자들에게 신뢰를 주기 때문이다. ISO 9000은 품질 관리의 다양한 측면을 다루고 있는데 하나의 표준이 아니라 ISO 9000시리즈 혹은 제품군으로 불린다. 이 중 ISO 9001은 품질 관리 시스템에 대한 기준을 제시하며 인증을 받을 수 있는 유일한 표준이다. 자율적이고 안정적인 제조 및 유통을 확보하기 위해서 제조, 생산 제품 및 경영에 이르기까지 품질 경영을 유도하고 유지하기 위한 절차들을 포괄한다. 분야에 관계없이 크고 작은 모든 조직에서 사용할 수 있어 범용적인 품질관리 표준인 셈이다. 실제로 ISO

9001 인증을 받은 기업과 조직은 170개 이상의 국가에 백만 개 이상이 존재한다. 이 표준은 강력한 고객 중심, 최고 경영진의 동기 및 의미, 프로세스 접근 방식 및 지속적인 개선을 포함한 여러 품질 관리 원칙을 기반으로 한다. ISO 9001을 사용하면 고객이 일관된 양질의 제품과 서비스를 얻을 수 있으며 결과적으로 많은 비즈니스 이점을 얻을 수 있게 된다.

ISO에는 ISO 9001을 기반으로 하고 특정 부문과 산업에 적용되는 품질관리 시스템에 대한 다양한 표준이 있다. ISO 9001의 분야별 적용 현황은 다음 표와 같다.

표준번호	표준명
ISO 13485: 2016	의료 기기 — 품질 관리 시스템 — 규제 목적을 위한 요구 사항
ISO/TS 54001: 2019	품질 관리 시스템 — 선거인을 위한 ISO 9001: 2015 적용을 위한 특정 요구 사항
ISO 18091: 2019	품질 관리 시스템 — 지방 정부의 ISO 9001 적용 지침
ISO/TS 22163: 2017	철도 애플리케이션 — 품질 관리 시스템 — 철도 조직을 위한 비즈니스 관리 시스템 요구 사항
ISO/IEC/IEEE 90003: 2018	소프트웨어 엔지니어링 — ISO 9001:2015를 컴퓨터 소프트웨어에 적용하기 위한 지침
ISO 29001: 2020	석유, 석유 화학 및 천연 가스 산업 — 부문 별 품질 관리 시스템 — 요구 사항

<표 3-1> ISO 9001 분야별 적용 현황

국제표준화기구(ISO)가 인증하는 품질 경영 시스템임을 홍보하는 업체와 기업을 많이 보게 된다. 이는 해당 기업의 제품과 서비스가 ISO 9001 국제 표준에 부합하는 경영을 하고 있다는 의미이다. 즉, '신제품의 설계, 개발 및 생산의 과정은 물론 고객에게 판매된 후 문제가 발생할 시 그 서비스까지 책임을 지는 등 이러한 시스템이 갖추어져 있고

체계화된 기업임'을 인증한다는 의미이다.[1]

정보 보안 관리 표준 ISO/IEC 27000

ISO/IEC 27001은 정보 보안 관리 시스템(ISMS)에 대한 요구 사항을 제공한다. ISO/IEC 27000 시리즈에는 12개 이상의 표준이 있다. 이 표준들을 사용하면 모든 종류의 조직에서 재무 정보, 지적 재산, 직원 세부 정보 또는 제3자가 위임한 정보와 같은 자산의 보안을 관리할 수 있게 된다.

정보 보안 기술 개요 및 어휘

ISO/IEC 27000: 2018 정보 기술 — 보안 기술 — 정보 보안 관리 시스템 — 개요 및 어휘

모든 종류의 디지털 정보에 대한 보안사항을 담고 있는 ISO/IEC 27000은 모든 규모의 조직을 위해 설계되었다. 이 표준은 정보 보안 관리 시스템(ISMS)의 개요를 제공한다. 또한 ISMS 표준 제품군에서 일반적으로 사용되는 용어 및 정의를 포함한다. 이 문서는 모든 유형과 규모의 조직(예: 영리 기업, 정부 기관, 비영리 조직)에 적용된다. 이 표준의 용어 및 정의 부분에서는 ISMS 표준 제품군에서 일반적으로 사용되는 용어 및 정의를 다루지만, ISMS 표준 제품군 내에서 적용되는 모든 용어 및 정의를 다루지는 않는다.

---

1 국가기술표준원, ISO 9001, 그것이 알고 싶다, https://www.kats.go.kr/content.do?cmsid=322&mode=view&page=4&cid=13502

정보 보안 관리 시스템 요구사항

ISO/IEC 27001: 2013 정보 기술 — 보안 기술 — 정보 보안 관리 시스템 — 요구 사항

ISO/IEC 27001은 모든 종류의 디지털 정보에 대한 정보 보안 기술을 다룬다. 이 표준은 조직 내에서 정보 보안 관리 시스템을 설정, 구현, 유지 및 지속적으로 개선하기 위한 요구 사항들이다. 또한 조직의 요구에 맞는 정보 보안 위험의 평가 및 처리에 대한 요구 사항도 포함한다. ISO/IEC 27001: 2013에 명시된 요구 사항은 유형, 규모 또는 성격에 관계없이 모든 조직에 적용할 수 있다는 범용적 기준이다.

정보 보안 제어 실행

ISO/IEC 27002: 2013 정보 기술 — 보안 기술 — 정보 보안 제어 실행

ISO/IEC 27002는 조직의 정보 보안 위험 환경을 고려한 통제 수단의 선택 방향을 제시한다. 조직 내에서 정보 보안 대책에 기반해서 이를 구현하고, 체계적인 관리를 위한 실행 방향을 포함한다. 또한 현 시점에서 통용되고 있는 정보 보안 표준 및 정보 보안 관리 관행에 대한 지침을 제공한다.

메디컬 시험 및 교정기관 표준 ISO/IEC 17025

'ISO/IEC 17025, 시험 및 교정 기관의 능력에 관한 일반 요구사항'은 전 세계에서 널리 사용되는 기준이다. ISO/IEC 17025는 시험기관의 운영 역량을 입증하고 유효한 결과를 생성하여 전국적으로, 또 전 세계적으로 검사에 대한 신뢰를 증진하는 것이 목표이다. 또한 국가 간

에 결과를 더 폭넓게 수용함으로써 검사실과 다른 기관 간의 협력을 촉진하기 위해서 사용되고 있다. 즉, 시험기관의 운영 환경 및 작업 관행, 교정 기관의 역량을 평가하기 위한 보편적 기준이다. 시험성적서 및 인증서는 추가 시험 없이도 한 국가에서 승인되면 다른 국가에서도 이것이 인정되므로 이러한 호환성이 국제 무역을 향상시키게 된다.

ISO/IEC 17025는 시험, 샘플링 또는 교정을 수행하고 신뢰할 수 있는 결과를 원하는 모든 조직에게 유용하다. 여기에는 정부, 업계 또는 실제로 다른 조직이 소유하고 운영하는 모든 유형의 실험실이 포함된다. 이 표준은 시험, 샘플링 또는 교정을 수행해야 하는 대학, 연구 센터, 정부, 규제 기관, 검사 기관, 제품 인증 기관 및 기타 적합성 평가 기관에도 유용하다. 2017년에 발간된 새 버전은 IT 기술의 메디컬 시험기관의 품질 및 적격성 표준 변화, 어휘 및 개발 내용을 다루는데 이는 ISO 9001의 최신 버전을 반영한 것이다.

메디컬 시험기관의 품질 및 적격성 표준 ISO 15189

ISO 15189는 ISO/IEC 1705 시험기관 및 교정기관의 능력에 관한 일반 요구사항과 ISO 9000 품질경영시스템—요구사항을 바탕으로 제정된 표준이다. 메디컬 시험기관이 충족해야 할 요구사항을 제시한다. 이 표준을 충족한다는 것은 곧 ISO 9000 품질경영시스템과 ISO/IEC 17025 시험 및 교정기관 관련 요구사항을 모두 충족한다는 의미이다.

의료 기기-품질 관리 시스템-규제 목적을 위한 요구사항 표준 ISO 13485

의료 기기는 기기, 기계, 임플란트 또는 체외 진단 시약과 같은 제품으로 질병 또는 기타 의학적 상태의 진단, 예방 및 치료에 사용하기 위

ISO 9001:2015 조항	ISO 13485:2016 조항
1 범위	1 범위
4 조직의 상황	4 품질 경영 시스템
4.1 조직과 그 맥락 이해	4.1 일반 요구 사항
4.2 이해 관계자의 요구와 기대에 대한 이해	4.1 일반 요구 사항
4.3 품질 경영 시스템의 범위 결정	4.1 일반 요구 사항 4.2.2 품질 매뉴얼
4.4 품질 경영 시스템과 그 프로세스	4.1 일반 요구 사항
5 리더십	5 관리 책임
5.1 리더십과 헌신	5.1 경영진의 약속
5.1.1 일반	5.1 경영진의 약속
5.1.2 고객 중심	5.2 고객 중심
5.2 정책	5.3 품질 정책
5.2.1 품질 정책 수립	5.3 품질 정책
5.2.2 품질 정책 전달	5.3 품질 정책
5.3 조직의 역할, 책임 및 권한	5.4.2 품질 경영 시스템 계획 5.5.1 책임과 권한 5.5.2 경영진 대표
6 계획	5.4.2 품질 경영 시스템 계획
6.1 위험과 기회를 해결하기 위한 조치	5.4.2 품질 경영 시스템 계획 8.5.3 예방 조치
6.2 품질 목표 및 이를 달성하기 위한 계획	5.4.1 품질 목표
6.3 변경 계획	5.4.2 품질 경영 시스템 계획
7 지원	6 자원 관리
7.1 리소스	6 자원 관리
7.1.1일반	6.1 자원 제공
7.1.2 사람	6.2 인적 자원
7.1.3 인프라	6.3 인프라
7.1.4 프로세스 운영 환경	6.4.1 작업 환경
7.1.5 자원 모니터링 및 측정	7.6 모니터링 및 측정 장비 제어
7.1.5.1 일반	7.6 모니터링 및 측정 장비 제어
7.1.5.2 측정 추적성	7.6 모니터링 및 측정 장비 제어
7.1.6 조직 지식	6.2 인적 자원

<표 3-2> ISO 9001: 2015 와 ISO 13485: 2016 간 대응 (출처: ISO 13485, 2016 년)

한 제품을 말한다. 의료 제품의 안전과 품질은 의료 기기 산업에서 타협할 수 없는 문제이다. 의료 기기의 제조, 서비스 및 유통을 포함하여 제품 수명 주기의 모든 단계에서 규제 기관의 요구 사항이 점점 더 엄격해지고 있기 때문이다. 따라서 품질 관리 프로세스를 입증하고 모든 작업에서 모범 사례를 보장해야 한다. 이 국제적으로 합의된 표준은 의료 기기 산업에 특화된 품질 관리 시스템에 대한 요구 사항을 제시한다.

ISO 13485는 의료 기기 및 관련 서비스의 설계, 생산, 설치 및 서비스와 관련된 조직에서 사용하도록 설계되었다. 또한 인증 기관과 같은 내부 및 외부 당사자가 감사 프로세스를 지원하는 데 사용할 수 있다. 다른 ISO 관리 시스템 표준과 마찬가지로 ISO 13485에 대한 인증은 표준의 요구 사항이 아니며 조직은 인증 프로세스를 거치지 않고도 표준을 구현함으로써 많은 이점을 얻을 수 있다. ISO 13485:2016은 기술 및 규제 요구 사항 및 기대치의 변경을 포함하여 최신 품질 관리 시스템 관행에 대응하도록 설계되었다. 새 버전은 위험 관리 및 위험 기반 의사 결정뿐만 아니라 공급망 조직에 대한 규제 요구 사항 증가와 관련된 변경 사항에 중점을 둔다.

국가코드 표준 ISO 3166

ISO 3166은 국가 코드 및 하위 부문 코드에 대한 국제 표준이다. 이 표준의 목적은 국가 및 하위 부문을 참조할 때 사용할 수 있는 국제적으로 인정되는 문자 및 숫자 코드를 정의하는 것으로 국가 이름을 정의하지는 않는다. 이 정보는 UN 통계 부서에서 관리하는 통계용 용어

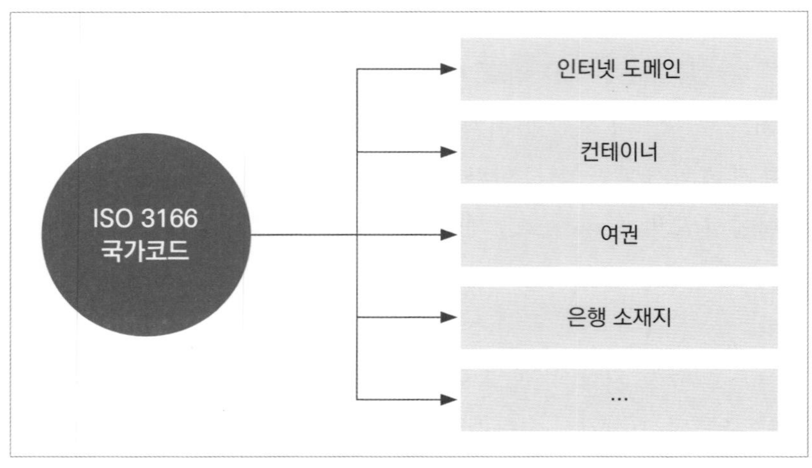

<그림 3-5> ISO 3166 국가코드의 다양한 쓰임새 (출처: 저자)

로 활용되는 국가 이름 및 국가 및 지역 코드를 포함하고 있다. 국가 이름(사용하는 언어에 따라 변경됨)을 사용하는 대신 ISO 3166이 제시한 코드를 사용하면 전 세계에서 국가를 정확하게 식별해서 시간을 절약하고 오류를 방지할 수 있다.

예를 들어, 전 세계의 모든 우편 기관은 관련 국가 코드로 식별된 컨테이너에서 국제 우편을 교환한다. 인터넷 도메인 이름 시스템은 이 코드를 사용해서 한국은 '.kr', 프랑스는 '.fr', 오스트레일리아는 '.au'와 같은 최상위 도메인 이름을 정의한다. 또한 기계 판독이 가능한 여권에서 코드는 사용자의 국적을 결정하는 데 사용되며, 한 은행에서 다른 은행으로 송금할 때도 국가 코드는 은행의 소재지를 식별하는 방법이다.

ISO 3166은 국가 코드, 세분화된 코드 및 이전에 사용된 코드(한때 국가를 설명하는 데 사용되었지만 더 이상 사용되지 않는 코드)의 세 부분으로 구성된다. 예를 들어 ID-RI는 인도네시아의 Riau 주이고 NG-RI는 나이

지리아의 Rivers 주이다. 세분화된 이름과 코드는 해당 국가의 공식적인 정보에서 참조한다. ISO 3166의 파트 1, 2 및 3은 코드가 세 가지 형식(.xml, .csv 및 .xls)으로 되어 있어 시스템에 쉽게 통합 할 수 있으며 최신 버전을 다운로드 할 수 있도록 변경 사항이 있을 때마다 자동 알림을 받게 된다.

언어코드 표준 ISO 639

ISO 639는 500개 이상의 언어 또는 언어 군을 표현하기 위한 국제표준 언어코드이다. 이 표준은 다양한 유형의 조직과 상황에 적용될 수 있다. 예를 들면 서지 목적, 도서관 또는 컴퓨터 시스템을 포함한 정보관리, 웹 사이트의 다양한 언어 버전 표현에 매우 유용하다. 언어 이름 대신 코드를 사용하면 일부 문화권에서는 같은 언어에 대해 다른 이름을 가질 수 있지만 일부 언어는 동일하거나 유사한 이름을 공유할 수 있으므로 구분이 명확해 많은 이점이 있다.

ISO 639-2 Code	ISO 639-1 Code	English name of Language	French name of Language	German name of Language
aar	aa	Afar	afar	Danakil-Sprache
abk	ab	Abkhazian	abkhaze	Abchasisch
ace		Achinese	aceh	Aceh-Sprache
ach		Acoli	acoli	Acholi-Sprache
ada		Adangme	adangme	Adangme-Sprache
ady		Adyghe; Adygei	adyghé	Adygisch
afa		Afro-Asiatic languages	afro-asiatiques, langues	Hamitosemitische Sprachen (Andere)
afh		Afrihili	afrihili	Afrihili

<표 3-3> ISO 639 일부 예시 (출처: ISO)

에너지 경영 표준 ISO 50001

ISO 50001은 효과적인 에너지 경영을 통해 자원을 보존하며 수익을 개선하기 위해 노력하는 조직을 위해서 개발된 국제표준이다. ISO 9001 또는 ISO 14001과 같은 다른 잘 알려진 표준에도 사용되는 지속적인 개선 관리 시스템 모델을 기반으로 한다. ISO 50001은 조직이 다음을 수행하기 위한 요구 사항 프레임 워크를 제공한다.

- 보다 효율적인 에너지 사용을 위한 조직의 정책 개발
- 정책을 충족하기 위한 목표 및 목표 수정
- 데이터를 사용하여 에너지 사용에 대해 더 잘 이해하고 의사 결정
- 결과 측정
- 정책이 얼마나 잘 작동하는지 검토
- 에너지 경영을 지속적으로 개선

모든 부문의 조직을 지원하기 위해 개발된 이 표준은 에너지 경영 시스템(EnMS)의 개발을 통해 에너지 사용을 개선하는 실용적인 방법을 제공한다.

앞에서 우리는 영향력 있는 표준들을 살펴보았다. 표준에는 성립 요건이 있고, 개발 과정에서 반드시 지켜져야 할 규칙들이 존재한다. 어느 힘센 사람이나 국가가 자신의 기준을 표준이라고 일방적으로 주장할 수 없다. 어떤 표준은 투표 과정이 없이도 표준으로 통용된다. 표준의 제정 주체에 따라 영향을 미치는 범위 또한 차이가 있다. 국제표준은 전 세계, 각 지역의 교역과 업무에 영향을 주지만, 국가 표준은 한

국가에서, 단체 표준은 특정 단체 안에서만 효력을 발휘한다. 그럼, 다음 장에서 표준이라는 것이 무엇인지, 어떤 기준으로 표준들을 분류하는지 살펴보도록 하겠다.

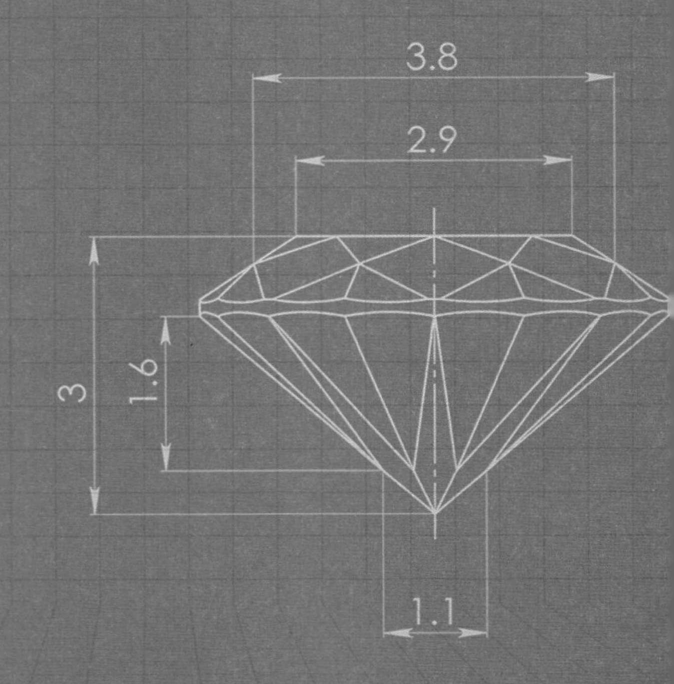
3.8
2.9
3
1.6
1.1

제4장

표준의 이해와 분류

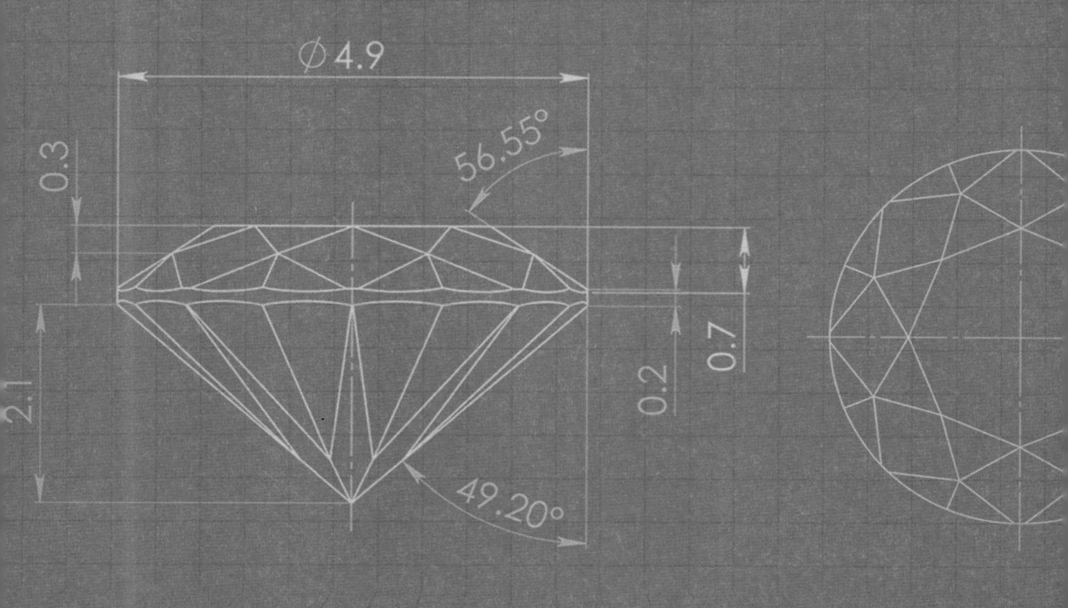

표준의 이해

표준이란

표준은 세상을 움직이는 기준이다. 많은 사람들이 함께 지키기로 약속한 규정이자 절차이다. 마치 횡단보도에서 초록색 신호등이 켜지면 횡단보도를 건너고 빨간색 신호등일 때는 건너지 않고, 출국이나 입국을 할 때 누구나 여권을 제시해야 하는 것과 같다. 표준은 '합의'에 의해 제정되고 '인정된 기관'에 의해 승인되며, 주어진 범위 내에서 '최적 수준의 질서 확립'을 목적으로 공통적이고 반복적인 사용을 위하여 규칙, 지침 또는 절차적 특성을 제공하는 문서이다.[1]

여기서 '합의'란 여러 나라와 지역 사람들이 함께 특정 기준을 지키

1 IEEE, 2004

기로 약속한다는 뜻이다. 합의가 반드시 만장일치를 의미하지는 않는다. 합의 여부는 투표로 공식화된다. '인정된 기관'이라 함은 국제표준 개발을 고유 업무로 하는 기구를 일컫는다. '최적 수준의 질서 확립'이란 표준의 성격상 여러 지역과 세대가 공유할 것이므로 다양한 상황 분석에 기반한 최적화된 기준이어야 한다는 뜻이다. 공통적이고 반복적인 사용은 왜 필요할까? 표준이 없다면 저마다의 기준이 난무하는 복잡하고 불편한 사회가 될 것이기 때문이다. 표준을 필수 공공재로 보는 이유이다. 공정하고 투명한 규범을 만들어 공유하면 편리하고, 예측 가능성이 높아진다. 이런 측면에서 본다면 표준은 여러 이해관계자들 간 사회질서 유지에 필요한 기준을 공유하는 체계적인 기술이다.

표준의 역할

산업 간 융합이 활발하고, 기술 간 연계가 활발한 이 시대에 표준의 중요성은 더욱 커지게 마련이다. 다양한 산업과 기술의 연결고리가 표준이다.

1) R&D에서 표준의 역할

R&D 과정에서 연구결과의 재현성 확보를 위해서는 기초 및 응용연구의 각 단계별로 측정 가능한 표준의 적용이 매우 중요하다. 기존 표준이 있다면 이를 활용해서 연구과정의 투명성과 연구과정의 재현성을 확보하는 수단이 된다.

2) 생산과정에서 표준의 역할

표준은 생산과정에서 공정 및 품질 통제의 필수요소이다.[1] 지속적으로 표준 준수에 대한 측정으로 변화에 즉각적인 대응이 가능하다.

3) 시장에서 표준의 역할

수요 측면에서 볼 때 표준은 상업화 및 시장 진출 단계에서 필수이다. 혁신적인 첨단 제품을 시장에 출시할 때는 높은 수준의 위험을 수반하게 된다. 산업표준이 이러한 위험요소를 감소시킨다.

4) 기술에서 표준의 역할

표준은 기술의 확산을 가능하게 하고 신기술의 발전을 촉진한다. 표준의 내용이 공개되고, 광범위한 지역에서 적용된다면 그 표준은 기술 혁신의 원동력이 된다.

표준의 요건[2]

KS A 0001:2021에서는 표준의 요건을 아래와 같이 정하고 있다.

- 적용범위에 규정한 한도 내에서 필요한 모든 사항을 포함할 수 있도록 완전하여야 한다.
- 일관성 있고 명확하고 정확하여야 한다.

---

1 한국표준협회 홈페이지

2 KS A 0001:2021, 표준의 서식과 작성방법.

- 최신 기술을 최대한 고려하여야 한다.
- 향후 기술개발의 틀을 제공하여야 한다.
- 표준 개발에 참여하지 않은 자격을 갖춘 사람도 이해할 수 있어야 한다.
- 표준 작성 원칙을 고려하여야 한다.

표준은 그 자체로 어느 누구에도 이를 따를 의무를 부과하지 않는다. 그러나 법률 또한 계약서에 인용됨으로써 의무가 부과될 수 있다. 표준은 청구, 보증, 비용 충당 등과 같은 법령 또는 법규에서 정한 요구사항을 포함하지 않아야 한다.

표준화의 목적

본서의 앞부분에서 우리는 표준화의 사례를 통해서 그 목적과 효과를 살펴보았다. 표준화의 목적은 제품을 제조하고 서비스를 실행하는 데 있어서 최선의 사례를 만들고 이를 다자가 공유하므로 원활한 의사소통과 호환성을 높이는 것이다. 이를 정리하면 아래와 같다.

표준화의 목적
제품 및 업무 행위의 단순화와 호환성 향상 관계자들 간 의사소통의 원활(상호이해) 전체적인 경제성 추구 안전/건강/환경 및 생명 보호 소비자 및 작업자의 이익 보호 현장 및 사무실 자동화에 기여

<표 4-1> 표준화의 목적 (출처: 이용규 외(2021). 『표준정책론』. 윤성사, p. 131)

표준화의 원칙

표준화(Standardization)란 일상적이고 반복적으로 일어나거나 일어날 수 있는 문제를 주어진 여건 하에서 최선의 상태로 해결하기 위한 일련의 활동을 말한다.[1]

표준은 많은 관련 당사자들이 공통적으로, 또 반복적으로 사용하기 위해서 제정되므로 표준화 작업은 공정하고 신중하게 진행되어야 한다. 국제 표준화기구에서 채택하고 있는 표준 제정의 일반적 원칙은 다음과 같다.[2]

① 합의(consensus): 표준화의 가장 중요한 원칙은 이해당사자 간 합의다. 많은 사람들이 사용하기 때문에 합의를 기초로 제정된 표준만이 시장 적합성을 가질 수 있다. 합의는 회원국의 투표에 의해 결정된다.

② 공개(openness): 표준은 제정 초기부터 최종 합의에 이르기까지 모든 과정이 투명하게 공개된다. 즉 PWI 및 NP단계에서 최종 합의 후 출판 단계에 이르기까지 모든 문건과 투표 결과가 공개적으로 처리된다. 논의 과정에서 제기된 의견에 대한 수용 과정(comments resolution)에 있어 이해관계자들의 참여를 허용한다.

③ 자발성(voluntary basis): 표준화 작업의 참여는 자발성에 기초한다. 표준 기구는 표준의 제안부터 제정의 전 과정을 강제하지 않는다. 그리고 제정 이후의 채택에서도 자발성이 보장된다.

---

1 ISO/IEC Directive 2

2 신명재(2007). 『新표준화 개론』. 한국표준협회. pp. 43-44 일부 내용 수정

④ 통일성과 일관성(uniformity and consistency): 표준 제안 단계부터 최종 채택 단계까지 모든 과정이 일관된 원칙 하에 진행된다. 특히 표준안에서 사용하는 모든 용어, 서식, 기술적 내용들은 ISO/IEC 지침에서 정한 방식으로 기술되어야 한다.

⑤ 시장 적합성(market relevance): 시장 적합성이 결여된 표준은 제정이 된다고 하더라도 무용지물이 되고 만다. 따라서 산업의 흐름을 반영한 시의적절한 표준을 개발하되 일단 제정되고 나면 많은 수요자를 확보할 수 있어야 한다.

⑥ 경제적 가치(alignment on economic factor): 모든 표준은 경제적 가치를 가지고 있어야 한다. 그러므로 제안된 표준안에 대한 경제적 가치를 평가해야 한다.

⑦ 공공성(alignment on public benefits): 모든 표준은 공공의 이익에 부합하도록 사용되어야 한다. 그러므로 공공의 이익에 반하는 표준은 제정되어서는 안된다.

표준화 대상과 효과

표준은 기술, 에너지, 건설, 건강 등 모든 산업분야를 포괄하는 광범위한 주제이다. 표준의 종류와 형태도 매우 다양한데, 대략적인 원칙만 제시하는 것이 있는가 하면 아주 구체적인 제품에 대한 기준을 제시하는 경우도 있다. 표준은 어떤 제품이나 서비스에 대해서 사람들이 동일한 기대를 가질 수 있도록 하는 신뢰의 기반이다. 표준이 주는 '신뢰성'이라는 특성 때문에 전 세계는 이를 기반으로 무역을 한다. 서로 다른 지역과 나라에서 생산한 제품이라고 하더라도 국제표준을 지키

표준화 대상	이해관계자
• 재료 • 제품 • 공정 • 정보 • 서비스	• 연구자 • 제조자 • 공급자 • 소비자 • 규제기관
이해관계자의 역할	**효과**
• 개발 • 제조 • 공급 • 소비 • 규제	• 신뢰성 향상 • 안전성 향상 • 품질 향상 • 비용 절감 • 재현성 보장

<표 4-2> 표준화 대상과 효과 (출처: 저자)

면 제품이 호환이 돼서 경제적이다. 이는 나라와 지역 간 교역의 차원을 포함해서 개별 제조자와 소비자를 보호하는 역할을 한다.

조직은 품질관리 표준을 이용하면 제조과정에서 발생할 수 있는 불량을 최소화하고 효율적으로 일하는 데 도움이 된다. 환경관리 표준은 쓰레기나 폐기물 배출량을 줄여서 환경에 대한 영향을 최소화할 수 있게 된다. 보건의료와 안전에 관한 표준은 작업장에서의 사고를 줄이는 데 효과적이다. IT 보안 관련 표준은 민감한 정보를 안전하게 지키는 데 활용된다. 건설에 관한 표준은 집을 짓는데 도움을 준다. 에너지 표준은 에너지 소비량을 감소시키는 데 도움을 준다. 음식 안전 표준은 음식이 오염되는 것을 막는다. 접근성에 관한 표준은 장애인과 노약자가 건물을 편하게 사용할 수 있도록 돕는다. 호환성 표준은 신용카드, ATM기와 은행 전산망을 연결해서 전세계에서 사용이 가능하다.[1]

---

1 영국표준화협회 홈페이지에 있는 일부 내용을 요약하였다.

표준화의 경제적 효과[2]

① 호환성(compatibility): 표준화로 인한 호환성 향상으로 인해 나타나는 네트워크 외부효과이다. 네트워크 외부효과[3]란 제품에서 오는 효용은 그 제품의 사용자의 수에 의해 비례하여 증가하게 된다.

② 규모의 경제(economy of scale): 표준은 생산 공정의 혁신과 시장의 확대를 통한 규모의 경제를 가능케하고, 판매 경쟁을 가속화시켜 신기술 개발을 촉진하고 매출 증대를 가능하게 한다.

③ 탐색비용(search cost)과 측정비용(measurement cost) 감소: 표준은 소비자가 원하는 제품이나 서비스, 생산과정에 대한 정보를 통일된 방법으로 제공하여 거래비용을 감소시키고 소비자에게 정확하고 알기 쉬운 정보를 제공함으로써 소비자의 이익을 증진시키게 되며 시장의 상거래 행위에서 발생하는 탐색비용(search cost)과 측정비용(measurement cost)을 낮추게 된다.

표준화의 문제점 [4]

① 기술혁신 저해: 만약 특정 표준이 높은 수준의 성능을 요구할 경우 이는 중소기업이나 저개발 국가에게 진입 장벽으로 작용하게 된다. 특히 특정 기업에게 유리하게 설계된 규격일 경우 기술 독

---

2 국가기술표준원 홈페이지에 있는 일부 내용을 수정하였다.

3 Alfred Marshall과 Katz, Shapiro(1985)

4 신명재(2007). 『新 표준화개론』. 한국표준협회. pp. 24-25를 참조하여 재정리하였다.

점을 누리게 되어 후발 주자의 기술 혁신을 저해하는 기능을 하게 된다.

② 실행 불가능: 너무 상세한 표준은 표준 이행을 오히려 불가능하게 하거나 어렵게 만든다. 너무 사소한 부분을 다루거나 유용하지 않은 문제를 다룰 경우 표준화의 이익을 기대할 수 없다. 반대로 너무 추상적이거나 적용 범위가 불명확하면 이 또한 표준 이행을 어렵게 하는 요인이 된다.

③ 정치적인 논리에 의한 표준화: 표준이 다양한 이해관계자들의 합의에 의해 작성되다 보니 내용의 일관성이 결여되어 있거나 내용이 부실한 경우도 종종 발견된다.

표준의 분류[1]

표준의 종류는 다양하고, 표준의 분류 체계 역시 다양하다. 제정 주체, 적용 범위, 대상 유형 등에 따라 표준을 분류할 수 있다.

인문사회적 표준과 과학기술계 표준

표준은 인문사회적 표준과 과학기술계 표준으로 나뉜다. 인문사회적 표준에는 언어·부호·법규·능력·태도·행동규범·책임·전통·관습·권리·의무 등이 포함된다. 과학기술계 표준에는 측정, 참조, 성문 표준 등이 포함된다.

1 국가기술표준원 홈페이지

① 측정표준(measurement standards): 길이, 시간 등과 같은 물리적 양의 크기를 나타내기 위해 국제 공통으로 사용하고 있는 국제단위계(International System of units, SI)의 7개 기본 단위와 2개의 보충 단위 및 이들의 조합으로 이루어지는 유도 단위를 현시하기 위한 것으로, 표준 기준과 측정계량 단위 및 표준기준물 등을 말한다.[1]

국가 표준기본법은 측정표준을 '산업 및 과학기술 분야에서 물상상태(物象狀態)의 양의 측정 단위 또는 특정량의 값을 정의하고, 현시(顯示)하며, 보존 및 재현하기 위한 기준으로 사용되는 물적 척도, 측정기기, 표준물질, 측정방법 또는 측정체계를 말한다'고 정의한다. 여기서 '표준물질'이란 장치의 교정, 측정방법의 평가 또는 물질의 물성값을 부여하기 위하여 사용되는 특성치가 충분히 균질하고 잘 설정된 재료 또는 물질을 말한다.[2]

② 참조표준(reference standards): 이것은 측정 데이터와 정보의 정확도와 신뢰도를 분석 심사하여 참조표준으로 설정하고, 이의 정확성과 신뢰성을 공인함으로써, 국가와 사회의 모든 분야에서 믿고 널리 지속적으로 사용 또는 반복 활용이 가능토록 마련된 자료를 말한다.

국가 표준기본법은 참조표준을 '측정데이터 및 정보의 정확도와 신뢰도를 과학적으로 분석·평가하여 공인된 것으로서 국가사회의 모든

---

1 국가기술표준원 홈페이지

2 국가 표준기본법

분야에서 널리 지속적으로 사용되거나 반복 사용할 수 있도록 마련된 물리화학적 상수, 물성값, 과학기술적 통계 등을 말한다'라고 정의한다.[3]

③ 성문표준(documentary standards): 국가사회의 모든 분야(생산, 유통, 소비, 교통, 통신, 무역, 서비스, 보건, 교육, 행정, 국방, 건설, 환경, 생활 등)에서 총체적인 이해성, 안전성, 효율성, 경제성을 높이기 위해 강제 또는 자율적으로 일정 기간 적용하는 문서화된 규정, 사양, 용어, 부호, 기호 등을 말한다. 이러한 과학기술계 표준은 광의의 산업표준(industrial standards)이라고 할 수 있다.

국가 표준기본법은 성문표준을 '국가사회의 모든 분야에서 총체적인 이해성, 효율성 및 경제성 등을 높이기 위하여 자율적으로 적용하는 문서화된 과학기술적 기준, 규격 및 지침을 말한다'라고 정의한다.[4]

공적 표준과 사실상 표준[5]

표준을 분류하는 방식 중 하나는 해당 표준이 공식 표준화기구에서 만든 것인지, 아니면 시장 혹은 기업에 의해 만들어진 것인지에 달렸다. 제정 주체에 따라서 표준을 구분하는 방식으로 공식 표준화기구에

---

3 국가 표준기본법

4 국가 표준기본법

5 국가기술표준원, 표준의 분류 내용 요약 정리, https://www.kats.go.kr/content.do?cmsid=26

구분	공적 표준	사실상 표준
표준 제정 주체	시장	표준화기관
표준 결정자	시장	표준화기관
표준의 정통성	사용자	표준화기관의 권위
표준화의 동기	표준화가 안되어 불편하기 때문에	표준화되지 않은 제품은 기능을 발휘할 수 없기 때문에
표준화의 관건	시장도입기의 점유율(share), 유력 기업의 참여	표준화기관의 강제력, 관련기업 등 이해관계자의 참여
표준 제정 과정	정보의 공개가 불확실하고 개정 절차가 불투명하다는 약점이 있음. 표준과 제품의 보급이 동시에 이루어 질 수 있으며, 자신의 규격을 표준화 할 수 있는 자가 시장을 독점할 수 있다는 장점이 있음	투명하고 표준 내용이 명확하고 개방적이며 원칙적으로 단일 표준을 제공
표준 제정 속도	신속	느림
멤버십	폐쇄적	비교적 개방적

<표 4-3> 공적 표준과 사실상 표준

서 제정한 표준을 공적 표준이라고 하고, 시장 혹은 민간 중심으로 제정한 표준을 사실상 표준이라고 한다.

표준을 만드는 주체에 따른 분류

표준의 제정 주체를 국제기구(국제 표준), 특정 지역연합(지역 표준), 국가(국가 표준), 단체(단체 표준), 특정 회사(사내 표준)로 구분해서 정리하면 다음과 같다.

국제 표준

'국제 표준'이란 국가 간 물질이나 서비스의 교환을 쉽게 하고 지적,

과학적, 기술적, 경제적 활동 분야에서 국제적 협력을 증진하기 위하여 제정된 기준으로서 국제적으로 공인된 표준을 말한다. ISO, IEC, ITU는 국제표준 개발을 담당하고 있는 기구이다.

지역 표준

'지역 표준'이란 유럽연합이 정한 'EN규격'처럼 특정 국가의 관련 단체로 회원자격을 제한한 표준화 단체가 채택한 규격을 말한다. EN규격은 유럽표준화기구인 CEN에서 개발을 담당한다.

국가 표준

'국가 표준'이란 국가사회의 모든 분야에서 정확성, 합리성 및 국제성을 높이기 위하여 국가적으로 공인된 과학적·기술적 공공기준으로서 측정 표준·참조 표준·성문 표준·기술 규정 등 국가 표준기본법에서 규정하는 모든 표준을 말한다.[1]

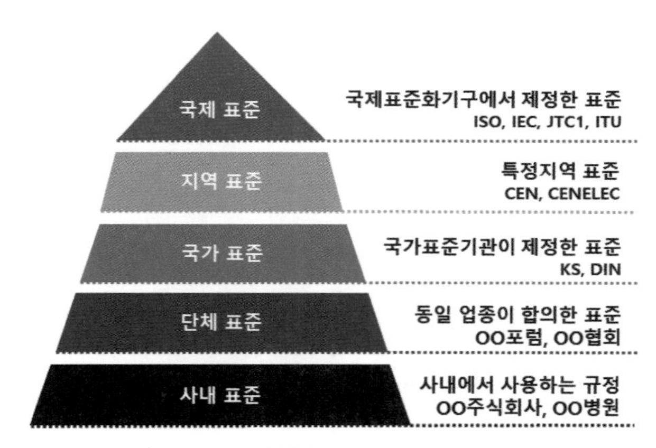

<그림 4-1> 표준의 분류 (출처: 저자)

---

1 국가 표준기본법

단체 표준

단체 표준이란 한국산업표준(KS)이 없는 경우에 한하여 제정할 수 있는 표준으로 제품의 품질고도화, 생산효율 향상, 기술혁신을 기하여, 단순공정화 및 소비의 합리화를 통하여 산업경쟁력 향상을 목적으로 한 기술에 관한 기준을 말한다. 산업표준화와 관련된 단체 중 산업통상자원부령으로 정하는 단체가 공공의 안전성을 확보하고, 소비자를 보호하며 구성원들의 편의를 도모하기 위하여 특정의 전문분야에 적용되는 기호, 용어, 성능, 절차, 방법, 기술 등에 대해 제정한 표준이다.[1]

단체 표준의 목적은 동일 업종의 생산자들이 생산성을 향상하고, 원가를 절감하며, 호환성을 확대해서 공동의 이익을 추구하는 것이다. 또한 제품의 품질 향상과 거래의 공정화 및 단순화로 소비자의 권익을 보호하는 것이다. 급속한 기술발전과 소비자의 다양한 요구에 신속하게 대응하며, KS와 사내 표준의 가교 역할을 한다. 단체 표준의 제정 요건은 첫째, 해당 단체 표준에 관한 이해관계인의 합의에 따라 제정된 것이어야 하고, 둘째, 관련 분야의 한국산업표준(KS) 또는 다른 단체 표준과 중복되지 아니하여야 한다.

사내 표준

기업은 비즈니스 프로세스의 합리화를 위해서 표준화 활동이 필수적인 영역이다. 다양한 조직의 유형이 있지만, 사내 표준은 회사마다 경영목표를 달성하기 위해서 필요한 기준을 설정하고, 이를 조직적으로 활용하여, 구성원 모두가 공유할 수 있는 체계를 만드는 도구이자

1 e-나라표준인증, https://standard.go.kr/KSCI/standardIntro/ksForGroup.do?menuId=60374&topMenuId=502&upperMenuId=504

결과라고 할 수 있다. 기업은 구성원의 역할과 책임을 명확하게 규정하는 인사관리 표준인 규정부터 제조 단계에서 최종 제품생산에 소요되는 재료, 제품의 개발 공정 및 서비스에 필요한 규격, 절차를 제정해서 이를 준수하도록 조직화하는 표준화 과정을 거쳐야 한다. 사내 표준은 통상 관리 표준과 기술 표준으로 나뉜다. 관리 표준은 회사의 전반적인 경영, 조직 및 업무에 관한 제반절차 및 준수사항 등을 명시한 문서로서 규정, 규칙, 예규, 요령, 지침이 이에 해당한다. 제품의 검증 규격은 기술 기준에 해당한다. 사내 표준이 범용성을 갖추고, 외부 조직에도 충분히 활용 가능한 수준의 완성도와 타당도를 갖췄다면 이는 단체 표준, 국가 표준 및 국제 표준으로도 발전할 수 있다.

표준의 적용 범위에 따른 분류

앞에서 우리는 표준을 개발 주체에 따라 분류해 보았다. 이제 제정된 표준이 어느 범위까지 영향을 미치는가에 따라 분류해보면 <그림 4-2>와 같다. 사내 표준은 한 기업에서만 통용되는 규정과 절차를 말한다. 단일 기관에 적용되는 기술과 규격이기 때문에 단체, 국가, 지역 및 국제 표준에 비해 영향력과 파급력이 높지 않다. 단체 표준은 표준화 단체가 제정한 표준으로 미국의 ASTM, 한국의 TTA와 같은 기관이 제정한 표준이 이에 속한다. 국가 표준은 우리나라 KS처럼 국가 차원에서 지정된 규격이고, 해당 국가에서만 적용되는 특성이 있다. 지역 표준의 대표적인 사례는 유럽지역 국가 표준화기구인 CEN이다. CEN에서 제정한 표준은 유럽 회원국에 적용된다. 국제 표준은 3대 공식 표준화기구가 제정한 표준으로 전 세계에 적용된다. 여기서 한 가지

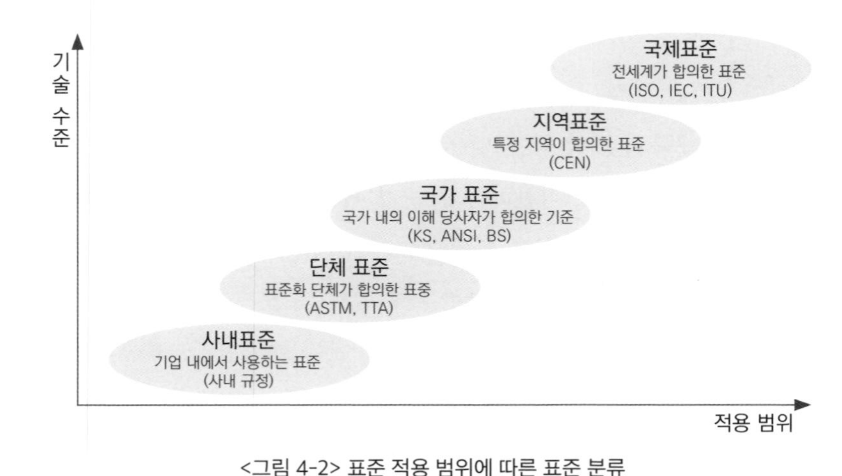

<그림 4-2> 표준 적용 범위에 따른 표준 분류
(출처: 신명재(2007).『新표준화개론』. 한국표준협회. p.36)

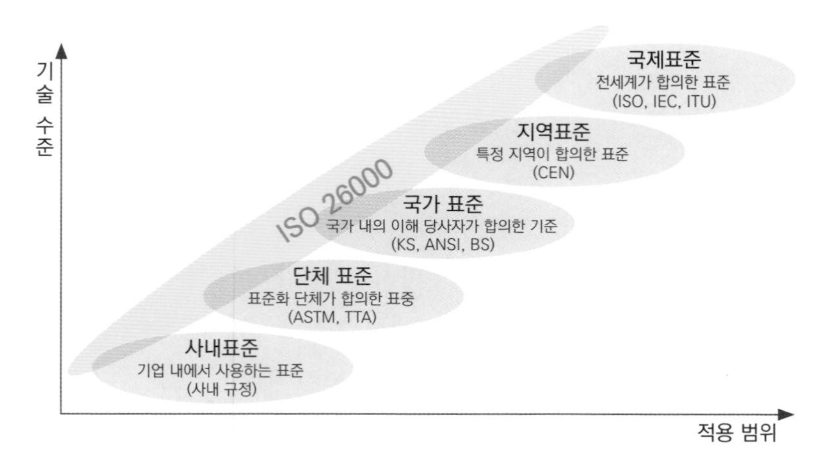

<그림 4-3> 국제 표준의 영향력의 예시
(출처: 신명재(2007).『新표준화개론』. 한국표준협회. p.36 저자 수정)

생각해 볼 문제는 이러한 분류는 전통적인 분류법이라는 것이다.

우리는 앞에서 사회적 책임 표준 26000을 살펴보았다. 사회적 책임 표준은 지역과 조직을 불문하고 적용되는 표준이다. 의료기기 표준도 국제 표준으로 제정되면 국가 표준으로 반영된다. 그만큼 세계화가 진행되면서, 국제 표준의 적용범위도 세계화되었음을 알 수 있다(<그림 4-3> 참조).

국제 표준의 국가 표준화 방식

국제 표준을 국가 표준으로 변환하는 방법에는 3가지 방식이 존재한다. 국제 표준과 국가 표준이 동일한 경우(IDT), 국제 표준의 내용을 일부 수정하여 국가 표준으로 제정한 경우(MOD), 그리고 국제 표준과 국가 표준이 동등하지 않은 경우(NEQ)이다.

- IDT(identical): 국제 규격과 KS 규격을 일치시킨 경우
- MOD(modified): 국제 규격을 수정하여 KS 규격화 한 경우
- NEQ(not equivalent): KS 규격의 기본적인 내용과 체계가 국제 규격과 동등하지 않은 경우

표준의 유형[1]

기본 표준(basic standard)[2]

폭넓은 범위를 가지거나 특정한 분야에 대한 일반적인 조항을 포함하는 표준을 말한다. 기본 표준은 직접적인 적용을 위한 표준으로서 또는 타 표준을 위한 기초로서의 기능을 가질 수 있다.

---

1 KS A 0001:2021, 표준의 서식과 작성방법.

2 KS A ISO/IEC Guide 2, 5.1

용어 표준(terminology standard)[1]

용어에 관련된 표준으로서 일반적으로 용어 정의를 수반, 때로는 비고, 도해, 보기 등을 수반한다.

시험 표준(testing standard)[2]

시험 방법과 관련된 표준으로서 때로는 샘플링, 통계적 방법의 사용, 시험 순서와 관련된 다른 조항을 보충하는 표준이다.

제품 표준(product standard)[3]

제품 또는 제품이 충족해야 할 요구사항을 규정한 표준을 말한다.

프로세스 표준(process standard)[4]

프로세스 상에서 충족되어야 할 요구사항을 규정한 표준을 말한다.

서비스 표준(service standard)[5]

서비스에 의해 충족되어야 할 요구사항을 규정한 표준을 말한다. 서비스 표준은 세탁, 호텔 관리, 의료, 보험, 은행, 무역과 같은 분야에서 작성될 수 있다.

---

1 KS A ISO/IEC Guide 2, 5.2

2 KS A ISO/IEC Guide 2, 5.3

3 KS A ISO/IEC Guide 2, 5.4

4 KS A ISO/IEC Guide 2, 5.5

5 KS A ISO/IEC Guide 2, 5.6

인터페이스 표준(interface standard)[6]

제품 또는 시스템이 상호 연결되는 시점에서 적합성에 관한 요구사항을 규정한 표준을 말한다.

데이터 표준(data standard)[7]

제품, 프로세스 또는 서비스를 규정하기 위한 일련의 값 또는 데이터에 대한 특성 목록을 포함하는 표준을 말한다.

---

6 KS A ISO/IEC Guide 2, 5.7

7 KS A ISO/IEC Guide 2, 5.8+

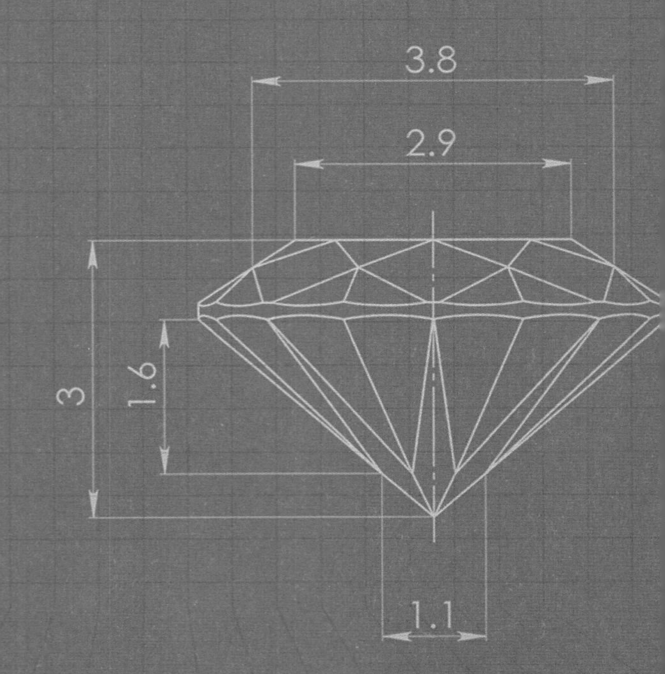
3.8
2.9
3
1.6
1.1

제5장

국제 표준

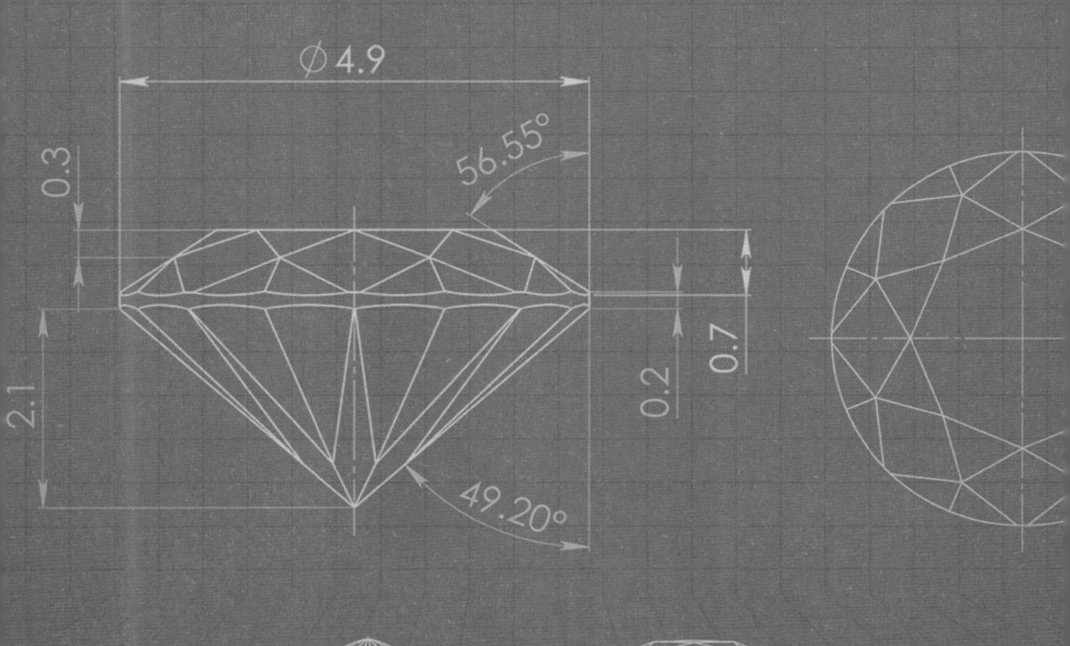

국제 표준화기구

국제 표준화기구는 국가가 회원으로 참여하는 공식 표준화기구와 민간에서 시장 질서 확립을 목적으로 운영되는 사실상 표준화기구로 구분한다. 공식 표준화기구는 해당 공식 표준화기구에서 정한 공식적인 절차에 따라 국제 표준을 제정하게 된다. 이 표준은 '공적 표준' 혹은 '공식 표준'이라고 부른다. 공식 표준화기구에서 활동하는 국가는 참여 국가(P-member 혹은 participation member)와 관찰 국가(observing member)로 나눈다. 참여 국가는 관찰 국가와는 달리 국제 표준안에 대한 투표권을 행사한다. 세계 3대 공식 표준화기구는 ISO, IEC, ITU로 다루는 표준의 범위가 다르다.

ISO

ISO[1]는 1947년에 발족한 대표적인 표준화기구로, 국가 간 제품이나 서비스 교역과 유통을 지원하기 위해 표준화 활동을 촉진하며, 전기 및 전자 기술 분야를 제외한 전 산업 분야(공업, 농업, 의약품, 광물 등)에 관한 국제 규격을 발간한다. ISO의 기술위원회 번호는 해당 위원회가 생겨난 순서이다.

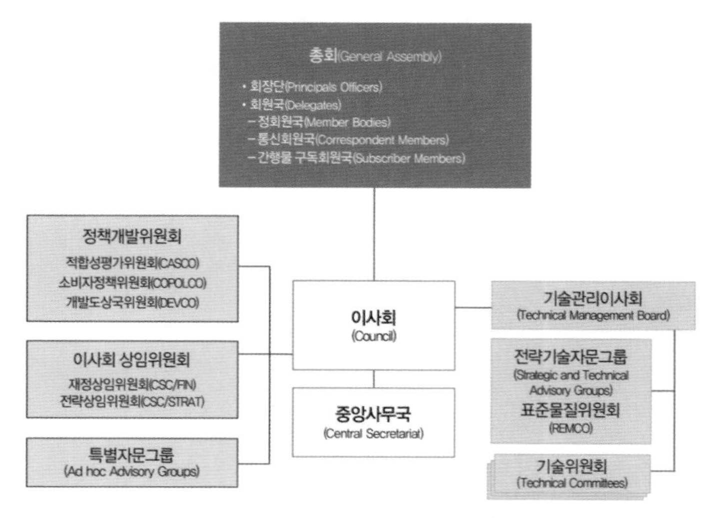

<그림 5-1> ISO 구조 (출처: KSA[2])

1 http://www.iso.org

2 ISO 조직도, 한국표준협회

IEC

IEC[1]는 전기 및 전자 기술 분야를 위한 국제 규격의 책정을 목적으로 하여 1906년에 발족한 국제 표준화 기관으로 1947년 이후는 전기·전자 부문을 담당하고 있으며, 세계 각국의 대표적인 표준화 기관이 참가하고 있다.

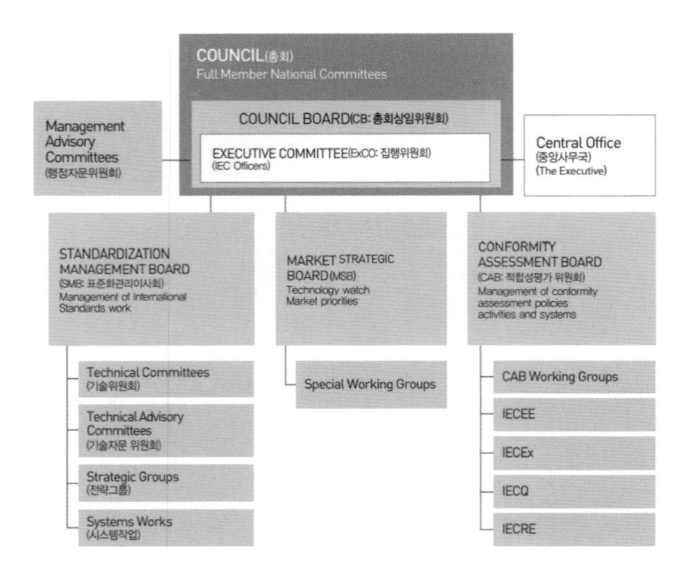

<그림 5-2> IEC 구조 (출처: KSA)

1 https://www.iec.ch/homepage

ITU

ITU[2]는 전기 통신에 관한 표준화와 규제, 국가 간 조정 등을 담당하는 국제 연합의 전문기관이다. 1865년에 발족한 ITU는 무선 통신 부문(ITU-R)과 전기 통신 표준화 부문(ITU-T), 전기 통신 개발 부문(ITU-D)으로 구성되어 운영 중이다.[3]

<그림 5-3> 2018년 ISO/IEC JTC 1/SC 42(AI) 총회 장면 (출처: 저자 촬영)

구분	ISO(국제표준화기구)	IEC(국제전기기술위원회)	ITU(국제전기통신연합)
로고	ISO	IEC	ITU
설립	1947년, 비정부기구(NGO)	1906년, 비정부기구(NGO)	1865년, UN 산하 전문기구
역할	과학, 기술, 경제 등 일반 분야의 국제표준 제정, 보급	전기전자 분야의 국제표준 제정, 보급	유무선 통신, 전파, 방송, 위성주파수 등에 대한 기술기준 및 표준의 개발, 보급과 국제협력 수행
회원	163개국 (2016년 기준, 연차보고서)	83개국 (2016년 기준, 연차보고서)	193개국 (2017년 기준, 웹사이트)
표준	21,478종 (2016년 기준, 연차보고서)	7,148종 (2016년 기준, 연차보고서)	약 4,000종 (2017년 기준, 웹사이트)
웹사이트	http://www.iso.org	http://www.iec.ch	http://www.itu.int

<표 5-1 > 3대 공식 표준화기구 현황[4]

2 https://www.itu.int/en/Pages/default.aspx

3 http://www.itu.int/

4 한국표준협회 홈페이지, 자료 수정

사실상 표준화기구

새로운 기술 출현이 과거에 비해 급증하고 있고, 이들 기술이 제품화로 이어지는 시간 또한 과거에 비해 빨라지는 추세이다. 이렇다 보니 통상 3년이 소요되는 공식 표준화 절차보다 민간 중심으로 표준을 개발하는 '사실상 표준화기구'의 중요성이 커지고 있는 상황이다. 사실상 표준화기구는 '사실상 표준'을 개발하는 기구이다. 사실상 표준은 산업 분야별로 설립되어 있는 사실상 표준화기구에서 기업의 경쟁과 협상으로 개발된다. 이는 공적 표준이 오직 공식 표준화기구에 의해 제정되는 것과는 전혀 다른 개발 메커니즘이다. 사실상 표준은 개발 당시에 시장의 흐름을 반영해서 만들어지며, 일단 시장에 보급되고 나면 독점적 형태를 띤다. 소위 승자독식의 구조를 만들기 때문에 표준화를 선점하려는 기업 간 경쟁이 치열하다. 사실상 표준은 표준과 제품이 동시에

<그림 5-3> 사실상 표준과 공적 표준의 예
(출처: CEN(2002), The benefits of standards. 최갑홍 옮김, 『국가 표준화 정책방향』 p. 15)

보급되기 때문에 공적 표준에 비해 확산이 빠르다. 공적 표준은 '표준화'가 우선이지만, 사실상 표준화는 '사업화'가 우선순위이다.

주요 사실상 표준화기구로 1884년에 설립된 국제전기전자기술협회(IEEE)와 1898년에 설립된 미국재료시험학회(ASTM)가 있다. IEEE는 전기전자분야의 전문가 협회로 컴퓨터 통신 및 에너지 분야 표준과 최첨단 기술의 선용을 위한 윤리적 지침을 개발해서 보급한다. IEEE는 '인류의 이익을 위한 기술 혁신'을 추구한다. 광범위한 표준화 활동을 통해서 최신 지식을 확산시키고 글로벌 혁신을 유도한다. 또한 엔지니어링 및 기술에 대한 대중의 이해를 높이고 실용적인 표준 개발에 주력하고 있다.[1]

ASTM은 원재료부터 제품·서비스·시스템 등 다양한 산업 및 기술 표준을 개발한다. 금속·화학·철강 분야 표준을 개발하고 보급하는 국제적인 조직이다. 최근에는 3D 프린팅, 스마트 시티에 관한 표준 개발 방향도 가이드 하고 있다. ASTM 회장은 2021년 5월에 발간된 소식지에서 전 지구적인 관심사인 '순환 경제'에 대한 국제 표준화기구의 역할을 강조한 바 있다.[2]

1 http://www.ieee.org

2 http://www.astm.org

국제 표준의 종류

공식표준화기구별로 국제표준과 제정 절차를 부르는 용어가 상이한 경우가 있다. 예를 들면 ISO 출판물(혹은 결과물)을 '국제표준', '국제표준문건', '국제표준문서'라고 하며, 영어로는 'Deliverables'라고 한다. 반면 ITU의 출판물(혹은 결과물)은 'Recommendation'이라고 부른다. ISO는 국제표준(IS)개발기구로 가장 잘 알려져 있지만 다른 결과물도 있다. 다음은 ISO에서 개발한 결과물의 유형이다.

<그림 5-4> 국제 표준의 종류 (출처: 셔터스톡 1456689422 수정)

국제 표준

국제 표준(International Standard, IS)은 주어진 상황에서 최적의 순서를 달성하기 위해 활동 또는 결과에 대한 규칙, 지침 또는 특성을 제공하는 규격문서이다. 국제 표준의 형태는 다양하다. 제품 표준 외에도 테스트 방법, 실행 규범, 지침 표준 및 관리 시스템 표준이 있다.

규범적 내용

국제 표준 문서는 규범적(normative) 내용와 정보용(informative) 내용으로 구성된다. 규범적 내용은 아래 그림에서 보는 것처럼 해당 표준의 노른자에 속한다. 정보용은 참고용 내용으로 흰자위에 속한다. 정보용은 해당 표준 문서의 뒷부분에 위치한 부속서(annex)에 배치한다. 규범적 문서는 <그림 5-5> 우측에 나오는 네 가지 동사로 표현한다. 요구사항(requirement)는 'shall', 'shall not'으로 표현하는데, 이는 가장 엄격하게 지켜져야 하는 규격 내용을 표현할 때 사용하게 된다. 권고사항(recommendation)을 나타내고자 할 때는 'should', 'should not'을 사

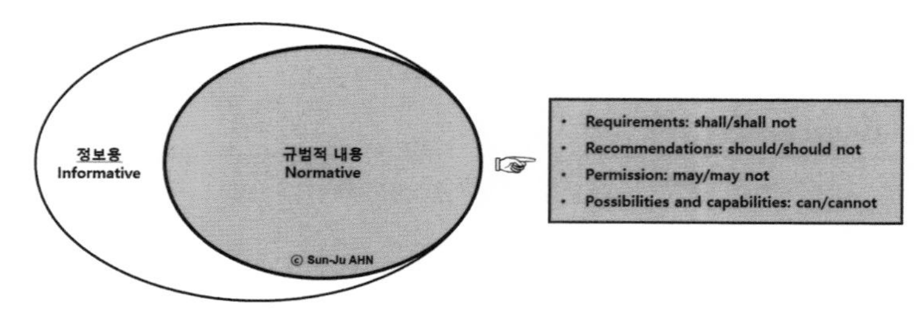

<그림 5-5> 규범적 문서에서 사용하는 표현 (출처: 저자)

용해야 한다. 허가(permission)는 'may', 'may not'을 사용해서 표현한다. 국제 표준을 작성할 때 어떤 동사 표현을 선택해서 쓸 것인가는 매우 중요하다. 네 가지 동사 중 어떤 것을 선택해서 표현하는가에 따라서 해당 표준의 엄격성과 강제성이 달라지기 때문이다.

요구사항(requirements)

동사 'shall(해야 한다)'과 'shall not(하지 말아야 한다)'은 엄격한 '요구사항'을 표현하기 위해 사용된다. 'shall'과 'shall not'는 의무사항을 표기하기 위한 표현이다. 즉 해당 표준을 준수할 것이 요구되는 상황에 사용하는 표현이다. 'shall', 'shall not'으로 표기된 내용을 준수하지 않는다면 해당 표준의 기준을 충족하지 못한 것에 해당되므로, 필수적으로 충족해야 하는 요건을 표기할 때 사용한다. 국제표준화기구는 'shall'과 'shall not'의 동일한 표현을 허용하고 있는데 그 내용은 <표 5-2>와 같다.

Verbal form	Equivalent expressions for use in exceptional cases
shall	is to is required to it is required that has to only... is permitted it is necessary
shall not	is not allowed [permitted] [acceptable] [permissible] is required to be not is required that... be not is not to be

- "shall" 대신에 "must"를 사용하지 말 것(외부 법적 의무와 요구사항 간의 오해를 방지하기 위함)
- 금지사항의 표현에 대하여 "shall not"대신 "may not"을 사용하지 말 것
- 시험 방법에서 채택된 단계를 언급하는 등의 직접적인 지시사항을 표현하기 위하여 명령법을 사용할 것
  예 : Switch on the recorder

<표 5-2> '요구사항' 표기방법[1]

1 KSA(2018). 『국제표준안 작성방법: ISO/IEC directive Part II를 중심으로』.

권고사항(recommendations)

'shall', 'shall not'처럼 엄격하게 요구되는 사항이 아닌 권고 내용에는 'should(하도록 한다)', 'should not(하지 않아야 한다)'을 사용한다. 이 표현은 특정 규격을 권장/비 권장 혹은 선호/비 선호하는 경우에 쓸 수 있는 표현이다. 즉 해당 표준의 내용 중 어느 것을 필수적으로 지정하거나 배제하지는 않은 상태에서 여러 가능한 대안 혹은 대상 중 특정한 대안이나 대상을 적절하다고 추천하는 경우에 사용한다. 국제표준화기구는 'should'과 'should not'의 동일한 표현을 허용하고 있는데 그 내용은 <표 5-3>과 같다.

Verbal form	Equivalent expressions for use in exceptional cases
should	it is recommended that ought to
should not	it is not recommended that ought not to

<표 5-3> '권고사항' 표기방법

허가(permission)

'may(할 수도 있다)', 'may not(하지 않을 수도 있다)'은 해당 표준 내에서 허용하는 기준과 방침을 표현할 때 사용하는 동사다. 특정 기준의 준수 여

Verbal form	Equivalent expressions for use in exceptional cases
may	is permitted is allowed is permissible
may not	it is not required that no... is required

– "possible" 또는 "impossible"를 사용하지 말 것
– "may" 대신 "can"을 사용하지 말 것
– "may"는 표준에 의하여 표현된 허가를 의미하지만, "can"은 사용자의 능력 또는 가능성에 대한 의미로 해석될 수 있음

<표 5-4> '허가' 표기방법

부에 대한 자유와 선택의 기회가 있음을 나타낸다. 'can', 'cannot'과 혼동하는 경우가 있으니 주의하여야 한다. 국제표준화기구는 'may'와 'may not'의 동일한 표현을 허용하고 있는데 그 내용은 〈표 5-4〉와 같다.

정보용 내용

국제 표준에서 정보용 내용은 표준 구매자의 이해를 돕기 위한 목적으로 부속서에 기록된다. 아래와 같이 국제표준(IS)과 기술시방서(TS)의 부속서(Annex)를 보면 정보용(informative)이라는 문구를 볼 수 있다. 정보용 내용에는 규범적 내용의 기술에 사용되는 동사를 사용하지 않는다. 즉, '요구사항', '권고사항', '허가'를 나타내는 표현이 금지된다.

국제 표준에서 부속서가 정보용 내용을 기술하는 부분이라고 한다면 문서 자체가 정보용인 경우가 기술보고서(TR)이다. 2021년 5월에 개정된 ISO/IEC 기술작업지침서 Part 2는 정보용 문서인 기술보고서에 '요구사항', '권고사항', '허가'에 관한 내용을 포함할 수 없음을 명확히 밝히고 있다.

Annex A
(informative)

Annex title e.g. Example of a figure and a table

- **A.1 Clause title**

  Use subclauses if required e.g. A.1.1 or A.1.1.1. For example:

- **A.1.1 Subclause**

  Type text.

- **A.1.1.1 Subclause**

  Type text.

기술시방서

기술시방서(Technical Specification, TS)는 해당 기술이 아직 개발 중이거나 개발 초기인 경우에 제정하는 규격의 한 형태이다. 기술시방서 발간은 기술위원회 또는 분과위원회 P멤버(참여회원국)의 2/3 이상의 찬성이 필요하며, 발간에 찬성한 경우 간사기관은 중앙사무국으로 16주 이내에 기술시방서안을 제출해야 한다. 기술시방서는 발간 후 3년이 되면 국제표준(IS)으로 만들 것인지를 결정하게 되는데, 특별한 사유가 없는 한 해당 기술시방서를 최초에 제정했던 프로젝트 리더가 문건의 개정 작업을 맡게 된다. 해당 기술시방서를 국제표준으로 격상시킬 것인가는 회원국의 투표를 통해 결정된다.

기술보고서

앞서 설명한 국제 표준과 기술시방서는 정식 국제 규격에 해당하지만 기술보고서(Technical Report, TR)는 정식 국제표준이 아닌 참고적 문서로 앞에서 언급한 출판물(IS와 TS)과는 다른 종류의 정보가 포함되어 있다. 예를 들어 설문조사나 정보 보고서에서 얻은 데이터 또는 '최신 기술' 정보가 포함될 수 있다. 따라서, 기술보고서는 국제표준(IS)·기술시방서(TS)와 달리 규범적 내용인 '요구사항', '권고사항', '허가'를 포함할 수 없다.

공개시방서

공개적으로 사용 가능한 사양은 작업 그룹 내 전문가의 합의 또는 ISO 외부 조직의 합의를 나타내는 긴급한 시장 요구에 대응하기 위해 제정된다. 공개사양서는 회원국들의 피드백으로 국제 표준으로 최종 변환과정을 거치게 된다. 공개적으로 사용 가능한 사양의 최대 수명은 6년이며 그 이후에는 국제 표준으로 변환하거나 철회할 수 있다. 공개시방서(Publicly Available Specification, PAS)는 국제표준개발 전 발간되는 중간 단계의 문서로 표준으로서의 조건을 모두 충족시키지는 않는다. 관련 위원회가 현재의 국제 표준과 상충되는 바가 있는지 확인 후 P멤버의 과반수 찬성으로 검증 후 발간된다. 발간 후 첫 3년간 유효하며, 최소 1회에 한하여 3년 연장이 가능하다. PAS는 발간된 지 6년 이내에 국제 표준으로 제정 또는 폐지할지 결정한다.

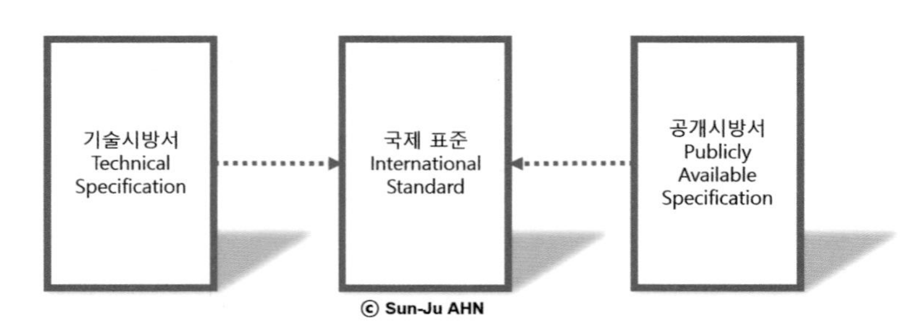

<그림 5-6> 기술시방서 및 공개시방서의 국제표준화 (출처: 저자)

국제 워크숍 협정

국제 워크숍 협정(International Workshop Agreement, IWA)은 공개된 워

크숍 환경에서 참여자들이 표준안에 대해 논의하고 협상하는 방식으로 문서가 만들어진다. 따라서 국제표준화기구의 일반적인 규범적 문서와는 개발 트랙이 다르다. 국제 워크숍 협정의 최대 수명은 6년이며 그 이후에는 다른 ISO 결과물(IS)로 변환되거나 자동으로 철회될 수 있다.

국제 표준의 개발 단계

국제표준은 통상 3~7단계의 투표과정을 거쳐 개발이 완료된다.

예비 단계(preliminary stage)

연구 초기 단계이거나 혹은 시장에서 충분하게 발전하지 않은 새로운 기술을 표준화하고자 하는 프로젝트 제안자 혹은 리더가 표준화 주제와 범위를 문서화해서 ISO 혹은 IEC의 기술위원회 혹은 분과위원회 간사에게 예비작업항목(Preliminary Work Item, PWI)으로 제출할 수 있는 단계이다. 기술위원회(TC) 또는 분과위원회(SC)는 회원국(P-member)의 과반수 득표를 통해 다음 단계로 진행 가능하다. 모든 예비 작업 항목은 작업 프로그램에 등록되게 되는데 ISO에서는 3년 내에 신규 작업

항목 제안(NP) 단계로 진행되지 못한 모든 예비 작업은 작업 프로그램에서 자동으로 삭제된다. 예비작업항목 단계 자체는 충분히 구체화된 후에 NP 제안이 가능하다. 국제표준 개발 단계를 그림으로 표현하면 아래 <그림 5-7>과 같다.

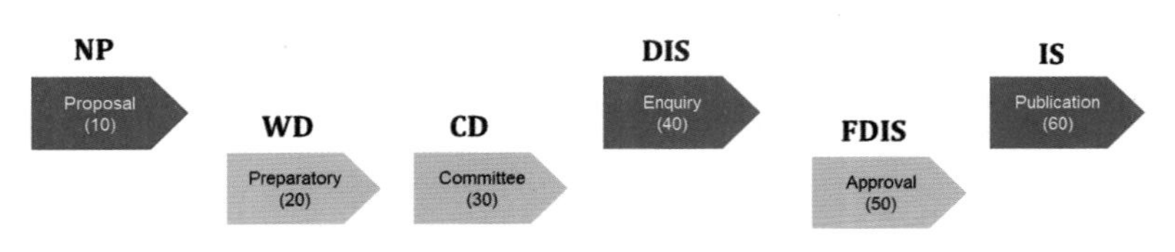

<그림 5-7> 국제표준 개발 단계 (출처: ISO)

제안 단계(proposal stage)

새로운 표준 혹은 기존 표준에서 새로운 파트를 제안하는 단계이다. 새 표준안 혹은 신규 작업 항목을 제안할 수 있는 기관은 회원기관 혹은 국가 간사 기관, 해당 기술위원회(TC) 또는 분과위원회(SC)의 간사국, 타 기술위원회(TC) 또는 분과위원회(SC) 등이다.[1] 각 신규 작업 항목 제안은 서식 4(Form 4)를 이용하여 제출되어야 하며, 충분히 제안의 타당성을 문서와 발표를 통해 입증해야 한다. 중앙사무국 또는 관련 위원회 의장과 간사국은 제안이 ISO 및 IEC의 요구사항에 따라 적절히 작성되고 회원기관이 의사결정을 하기에 충분한 정보를 담고 있는지 확인한다. 신규 작업 항목 제안에 대한 결정은 전자투표를 통해 이루어진다.[2]

1 ISO/IEC Directives, Part 1, Consolidated ISO Supplement, 2017

2 ISO/IEC Directives, Part 1, Consolidated ISO Supplement, 2017

- 중립적 입장에서 국제표준(프로젝트)을 개발
- 표준안 개발과 제정의 전 단계에서 프로젝트를 책임지는 사람
- 회원국내 전문가로 구성된 프로젝트 팀을 이끄는 역할
- 투표 단계마다 P멤버의 코멘트에 대응

<그림 5-8> 프로젝트 리더의 역할 (그림 출처: 셔터스톡, 1702967014)

통상적인 투표기간은 12주이지만 위원회는 상황에 따라 결의안 방식으로 신규 작업 항목 제안에 대한 투표기간을 8주로 단축시키는 방안을 결정할 수도 있다. 회원기관은 투표 서식을 작성할 때, 반대표 결정에 대해서는 당위성을 설명한 문서(타당성 진술서)를 제출해야 한다. 이 같은 문서를 제출하지 않으면, 회원기관의 반대표는 등록 및 고려되지 않는다.

해당 기술위원회(TC) 또는 분과위원회(SC) 투표에서 투표한 P멤버의 2/3 이상이 해당 작업항목을 승인해야 하며, 기권표는 포함하지 않는다. P멤버가 16명 이하인 위원회는 최소한 P멤버 4명 이상이, P멤버가 17명 이상인 위원회는 최소한 P멤버 5명 이상이 기술 전문가를 지명하고 작업 초안에 코멘트 함으로써 프로젝트의 개발에 참여한다. 전문가들은 준비 단계에서 실질적인 기여를 하겠다는 약속을 해야 한다.[1] 투표 결과는 투표 마감 후 6주 안에 ISO 중앙사무국(서식 6 이용) 또는 IEC 중앙사무국(RVN 양식 이용)에 보고한다. 작업 프로그램 내에 프로젝트가 포함되면 제안 단계가 완료된다. NP로 승인 되면, 기술위원회 또는 분과위원회 프로그램으로 등록되며 중앙사무국은 해당 표준에 고유의 식별번호(예: ISO/NP 5741)를 부여해 관리한다. 또한 신규 표준을 제안

1 그런데 현실은 기여도가 높지 않은 경우도 많다.

하고 해당 프로젝트를 이끌 프로젝트 리더도 확정된다. 프로젝트 리더는 표준 개발에 대한 책임이 있고, 프로젝트 팀 미팅을 소집하고 주재하고 또 모든 단계의 표준 문서 완성을 책임지고 추진한다.

준비 단계(preparatory stage)

NP투표를 통과한 표준 초안을 작업반(Working Draft, WD) 형태로 만드는 단계이다. 프로젝트 리더는 작업반 소속 전문가들로부터 대면 및 온라인 회의 또는 작업안 회람을 통해 접수된 코멘트를 작업안에 반영하여 완성한다. 만약 기술위원회/분과위원회 내에서 적절한 작업반이 없는 경우 이 단계에서 프로젝트 리더는 작업반 신설을 제안할 수 있다. 코멘트가 반영된 최종 작업안을 간사에게 제출하면, 간사는 이를 위원회안(Committee Draft, CD)으로 접수한다.

위원회안 단계(committee stage)

위원회안(CD)에 대해 해당 위원회 회원 간의 합의를 도출하는 단계로 문서의 회람과 투표가 실시된다. 투표는 8주가 소요된다. 투표에 참여한 회원국 2/3 이상이 찬성한 것을 합의에 이른 것으로 판단한다. 한편, ISO에서는 신속한 표준제정을 위하여 위원회안 단계를 선택사항으로 권고하고 있다.

질의 단계(enquiry stage)

질의 단계에서, 질의안(ISO는 DIS, IEC는 CDV)은 중앙사무국에 의해 모든 회원기관에 회람돼 12주 안에 투표를 마친다. 투표 기간이 종료되면, 사무총장은 4주 안에 기술위원회(TC) 또는 분과위원회(SC)의 의장 및 간사국에 투표 결과를 접수된 의견과 함께 전달해야 한다. 회원기관이 질의안을 수용할 수 없다고 판단하는 경우, 반대에 투표해야 하며 기술적 사유를 명시해야 한다.

기술위원회(TC) 또는 분과위원회(SC) P멤버 투표 수의 2/3가 찬성하고, 총 투표 수 중 1/4 이하가 반대한 경우에 질의안은 승인된다. 승인 기준을 충족하고 기술적 변경사항이 없을 경우, 바로 발간 진행 가능하다. 승인 기준을 충족하나 기술적 변경사항이 있을 경우, 수정한 질의안을 최종 국제표준안으로 등록한다. 해당 위원회의 P멤버가 기술적인 의견을 피력하여 반영시킬 수 있는 마지막 단계이다.

승인 단계(approval stage)

승인 단계에서, 최종 국제표준안(Final Draft International Standard, FDIS)은 중앙사무국에 의해 모든 회원기관에 12주 안에 회람되어야 하며 8주간 투표 기간을 갖는다. 회원 기관이 최종 국제표준안을 수용할 수 없다고 판단하는 경우, 반대에 투표해야 하며 기술적 사유를 명시해야 한다. 타당한 진술을 제출하지 않은 정회원의 반대표는 계수하지 않는다. 정회원이 반대표를 던지고 명확치 않은 기술적 사유를 제출하는 경우, 위원회 간사는 투표 종료 후 2주 안에 ISO/CS TPM(기술 프로그램

관리자)에 알린다.

출판 단계(publication stage)

해당 위원회의 간사와 최종 감수를 거쳐 중앙 사무국에서 국제표준을 출판하는 단계이다. 4주 안에 중앙사무국 기술위원회 또는 분과위원회 간사 기관은 지적된 인쇄상 오류들을 수정하여 국제표준으로 인쇄하고 배포한다. 국제표준의 발간과 함께 이 단계는 종료된다.

앞서 국제표준개발단계를 설명하였다. 각 단계를 명확하게 알 수 있도록 국제표준화기구는 세분화된 코드(International harmonized stage codes)를 제시하였다. 이 코드는 모든 국제표준의 단계를 포괄한다.

ISO/IEC의 모든 표준에는 현재의 상태를 나타내는 단계 코드가 표시되므로 명확한 의사소통에 도움이 된다. 앞서 설명한(37쪽, <그림 1-10>) 카드 규격을 정하고 있는 표준 역시 녹색 박스 안에 'stage code' 60.60을 볼 수 있다. 국제표준으로 발간 완료되었다는 뜻임을 알 수 있다.

신속 제정 절차

엄밀한 의미에서 신속 제정 절차는 36개월의 표준 개발 기간을 위원회의 합의로 단축해서 개발하는 것을 말한다. 위 국제표준개발 절차에서 단계 10, 40, 60은 필수 단계이고 나머지 단계는 생략 가능하다. 국제표준(IS) 개발기간 36개월보다 빠른 표준 제정을 원한다면 공개시방서(Publicly Available Specification, PAS)과 기술보고서(Technical Report, TR)로 발간하는 것이 대안이다.

International harmonized stage codes

STAGE	SUBSTAGE						
				90 Decision			
	00 Registration	20 Start of main action	60 Completion of main action	92 Repeat an earlier phase	93 Repeat current phase	98 Abandon	99 Proceed
00 Preliminary stage	00.00 Proposal for new project received	00.20 Proposal for new project under review	00.60 Close of review			00.98 Proposal for new project abandoned	00.99 Approval to ballot proposal for new project
10 Proposal stage	10.00 Proposal for new project registered	10.20 New project ballot initiated	10.60 Close of voting	10.92 Proposal returned to submitter for further definition		10.98 New project rejected	10.99 Approval to New project approved
20 Preparatory stage	20.00 New project registered in TC/SC work programme	20.20 Working draft (WD) study initiated	20.60 Close of comment period			20.98 Project deleted	20.99 WD approved for registration as CD
30 Committee stage	30.00 Committee draft (CD) registered	30.20 CD study/ballot initiated	30.60 Close of voting/ comment period	30.92 CD referred back to Working Group		30.98 Project deleted	30.99 CD approved for registration as DIS
40 Enquiry stage	40.00 DIS registered	40.20 DIS ballot initiated: 12 weeks	40.60 Close of voting	40.92 Full report circulated: DIS referred back to TC or SC	40.93 Full report circulated: decision for new DIS ballot	40.98 Project deleted	40.99 Full report circulated: DIS approved for registration as FDIS
50 Approval stage	50.00 Final text received or FDIS registered for formal approval	50.20 Proof sent to secretariat or FDIS ballot initiated: 8 weeks	50.60 Close of voting. Proof returned by secretariat	50.92 FDIS or proof referred back to TC or SC		50.98 Project deleted	50.99 FDIS or proof approved for publication
60 Publication stage	60.00 International Standard under publication		60.60 International Standard published				
90 Review stage		90.20 International Standard under periodical review	90.60 Close of review	90.92 International Standard to be revised	90.93 International Standard confirmed		90.99 Withdrawal of International Standard proposed by TC or SC
95 Withdrawal stage		95.20 Withdrawal ballot initiated	95.60 Close of voting	95.92 Decision not to withdraw International Standard			95.99 Withdrawal of International Standard

<그림 5-9> 국제표준안 개발단계 표시 코드 (출처: ISO 홈페이지)

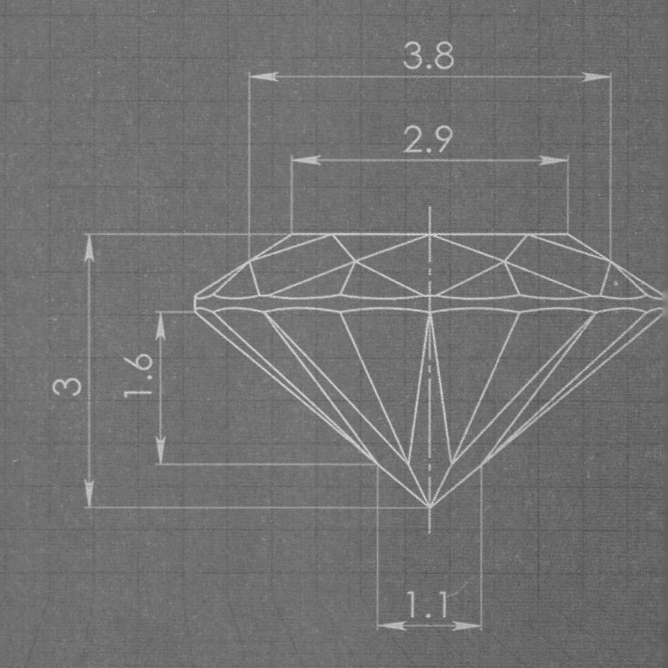

3.8
2.9
3
1.6
1.1

제6장

표준전쟁에 뛰어들기

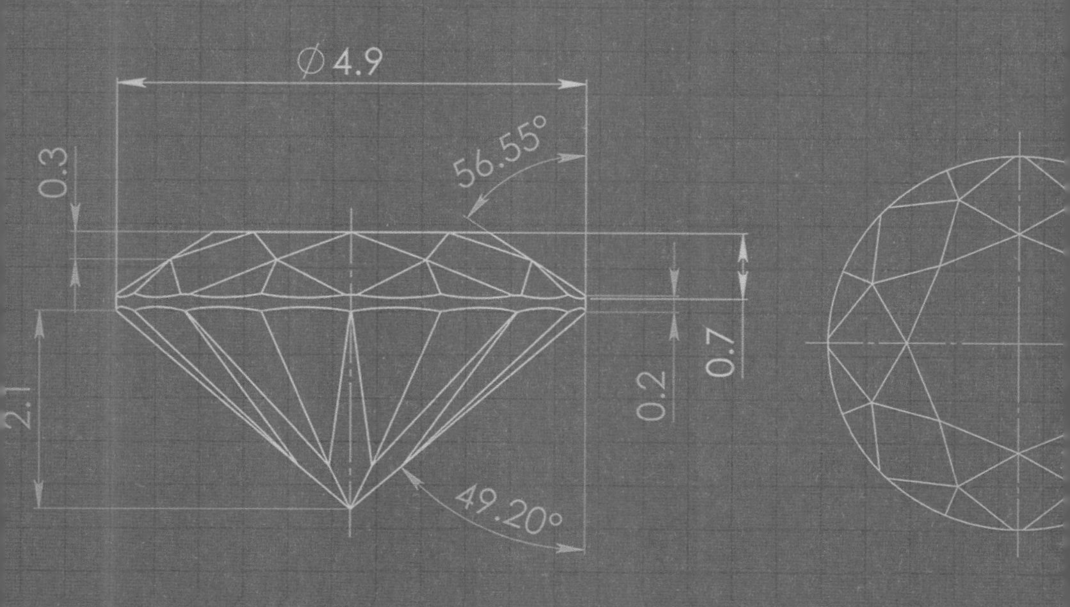

표준전쟁에 임하는 자세

더 나은 세상을 만들어 갈 책임

사람은 이 세상에 태어나서 여러 경로로 지식을 습득하게 된다. 이 지식 혹은 전공으로 특정 직업에 종사하게 되고, 일을 해 나가면서 자신만의 관심분야를 갖게 될 가능성이 높다. 그것이 어떤 일이든, 우리는 이 세상에서 자신의 분야에서 성장하게 된다. 날마다 일하면서 부딪히는 문제에 대해서 개선해야 할 사안이 보인다면 그리고 그 해결방안이 뚜렷한 기준 마련이라면 누구나 표준을 만들 준비가 되어 있다고 말할 수 있을 것이다. 책의 서두에서 많은 사람들이 문제의식을 가지고, 더 나은 방법을 찾기 위해 노력하다가 표준을 만들게 되었다는 사실을 전하였다. 그들이 제안한 표준이 안전하고, 편리해서, 간편하고, 효율적이라서 많은 사람이 사용하게 되고 비로소 표준화되었다. 오랜

동안 자신의 분야에서 전문성을 쌓아가다 보면, 또 관심을 가지고 관찰하다 보면 표준으로 자신의 분야에서 기여할 수 있을 것이다. 자신의 분야에서 세계인이 편리하게 사용할 수 있는 표준을 만들 수 있다면, 이로 말미암아 더 나은 세상을 만들어가는 것이다.

기술발전 가속화시대에 공통의 선을 이뤄갈 책임

AI와 로봇 등 무한한 잠재력을 가진 기술이 인류의 삶 속에 스며들고 있다. 이 기술에 대한 인류의 의존도는 앞으로 더 커질 것이다. 사회, 정치, 경제, 문화 등 전 영역에서 막대한 영향을 끼칠 것으로 생각한다. 이미 사이버 세상에서 벌어지고 있는 일들이 현실세계에서 수용하기 어려운 수준으로 전개되거나 기술이 범죄의 수단으로 변질되는 경우도 목도된다. AI, 사물인터넷, 생체보안, 로봇 등 최첨단 기술의 선용을 위한 공동의 기준선이 필요한 시대다. 많은 과학자들이 AI의 가능성과 위험성을 논해 왔다. 맹목적인 신뢰보다는 첨단 기술의 오용을 막는 표준들을 세워 나가는 것이 절실한 시점이다. 사실 우리 대부분은 최첨단 기술의 개발자, 제조자, 사용자 및 관찰자 중 한 사람이다. 누구나 AI, 로봇, 생체보안과 같은 최신 기술이 어떻게 변화하는지, 관찰하고, 의견을 개진할 수 있는 사회이다. 그 의견이 충분히 전문가적 입장에서 타당한 것이고 인류 발전에 기여할 수 있는 내용이라면 국제표준화기구 회의에 참여해서 자신의 목소리를 전달하는 것이 훌륭한 첫걸음이라고 생각한다.

감염병 대유행 상황에 대응하는 기준 마련

코로나19는 전례없는 전 지구적인 비상사태를 가져왔다. 중국 후베이성 우한시에서 시작되어 전 세계를 마비시켰다. 감염 확산을 억제하기 위해서 여러 국가가 봉쇄를 하고, 사회적 거리두기를 위해서 각종 상업시설의 영업을 제한하면서 심각한 경제적 피해도 불러왔다. 코로나19 팬데믹은 공중보건의 문제로만 끝나지 않고, 경제악화로 이어지면서 실업률이 크게 치솟았다. 바이러스 유행이 광범위하게 지속되면서 격리시설에 머물러야 하는 사람들과 사회적 거리두기로 원격에서 가족을 면회하거나, 학업을 수행하고, 업무를 본 사람들 중에 적지 않은 사람들이 정신적 고통과 우울감에 고통받고 있다. 사회적 거리두기를 하면서 특정 장소에 갈 수 없게 되거나 아픈 이별을 해야 하는 사회적 고통이 있었다. 문제는 SARS-CoV-2와 같은 신종 바이러스의 출현은 앞으로도 계속될 것이라고 많은 과학자들과 의학자들이 경고하고 있다. WHO 사무총장는 아예 다음 팬데믹에는 좀 더 잘 준비하고 대응하여야 한다고 언급한 바 있다.[1] 감염병 대응 기법의 표준화는 인류 공통의 질병 문제의 조속한 해결에 도움을 준다. 이것이 K-방역모델의 국제 표준화를 비롯해서 여러 국가가 감염병 대응 기법을 국제 표준화하려는 이유이다.

---

1 Margaret Besheer(2020. 12.4). WHO Chief Urges Investment, Preparation for Next Pandemic. https://www.voanews.com/covid-19-pandemic/who-chief-urges-investment-preparation-next-pandemic

후속 세대에게 모범사례를 전수할 책임

책의 앞 부분에서 우리는 다양한 표준화 사례와 그 효과를 살펴보았다. 공정하고, 투명하고, 안전한 세상을 만들어 가는 표준의 가치를 보았다. 표준의 공공재적 성격상 표준이 제도화될 때 인류의 생존과 발전에 기여하고 삶의 질을 향상시키게 된다. 공적 영역에서의 표준의 역할의 중대함은 재차 강조할 필요가 없을 것이다. 우리가 표준에 주목하고, 적극적으로 좋은 표준을 만들어야 하는 이유는 현재뿐만 아니라 우리의 후속 세대가 공유할 수 있는 국제적인 기준을 만드는 것이다. 기술은 계속 발전하고 있지만, 재해나 빈곤을 퇴치하고 극복하는 데 있어 최선의 사례가 어떻게 도움이 될 수 있는가를 미래 세대에 전수하는 것이다. 우리가 역사를 통해 현재를 해석하고 미래를 예측하는 것처럼, 표준의 개념과 가치에 대해서 어린 세대들에게 가르쳐야 한다. 민간 기업 시장에서의 독점적 지배권 등 다양성의 저해라는 한계가 있지만 표준을 장악하는 기업과 국가가 어떻게 경제적 우위를 점하는지에 관해서도 공유되어야 한다.

분야 전문성과 표준 전문성 갖추기

분야 전문성

표준전문가가 되려면 먼저 자신의 분야에서 전문가가 되어야 한다. 전문성이 있다는 것은 해당 분야를 훤히 꿰뚫고 있다는 뜻인 동시에 문제해결 능력을 갖추었다는 의미도 된다. 특정 문제에 대한 해결 능력은 표준안 주제를 발굴하고, 발견하는데 필요한 조건이다. 자신의 전문분야에서 혹은 완벽한 전문가 수준이 아니더라도 높은 수준의 관찰 능력을 가졌다면 이 또한 표준 개발에 도움이 될 수 있다. 오랫동안 관심을 기울여 어떤 문제에 대한 작동원리와 이를 개선할 원칙을 찾아 냈다면 이를 표준화할 수 있다. 자신의 전문 분야에서 구축한 탁월한 전문성과 관심분야에서 관찰한 사실과 사례로 세상에 필요한 표준이 만들어지는 것이다.

표준 전문성

자신의 분야에서 전문성을 갖추었다면 표준 전문성을 확보해야 한다. 표준 전문성을 갖추기 위한 시작은 표준의 개념을 잘 이해하는 것이다. 표준의 개념을 이해한다는 것은 표준이 세상에 필요한 이유와 이의 공공적, 산업적 특성을 이해한다는 것이다. ISO를 포함한 국제표준화기구에서 표준이 어떤 절차로 개발되는지, 제반 행정 프로세스에 대해서도 충분히 숙지해야 한다. 그런데 사실 표준 개발과 제정의 운영 절차보다 중요한 것은 회원국 전문가들과의 협상 능력이다. 회원국과 이견이 있을 때 이를 조정할 수 있는지 여부, 회원국에서 제출한 코멘트가 양립 불가능한 경우 그 중 특정 코멘트를 수용하고 이의 수용 이유를 합리적으로 설명할 수 있는 능력은 가장 중요한 표준 전문가의 조건이라고 저자는 생각한다. 특히 회원국 간 갈등이 심화될 때 중립적 입장에서 이를 조정할 수 있는 리더십은 아무리 강조해도 지나치지 않다.

개방성과 친화력

표준 전문가가 되려면 언어의 장벽, 지리적 장벽, 문화적 차이를 넘어 친화력을 발휘할 수 있어야 한다. 그러려면 모든 인종이나 나라에 대해서 편견이나 차별이 없는 개방성이 요구된다. 이러한 태도는 일종의 비공식언어자 비언어이다. 공식 언어가 영어이므로, 어느 정도의 영어 실력을 갖추는 것도 필요하다. 국제표준화회의에서 사용하는 핵심 표현을 익히는 것이 필요하다. 침착성 또한 중요한 덕목이다. 국제

표준화회의에서도 종종 예기치 않은 상황이 발생할 때가 있기 때문에 당황하지 않고 멀리 보는 안목이 필요하다. 때로는 합리적이지 않은 억지 주장을 펼치는 전문가가 있을 때도 인내심을 잃지 않고 관계를 유지하여야 한다. 표준화에 성공하려면 끈기가 있어야 한다.

표준문서
구조 알기

당신은 지금 사랑하는 사람에게 편지를 쓰기 직전이다. 당신의 사랑을 고백하려니 마음이 설레고 가슴이 쿵쾅거린다. "어떻게 써야 할까?", "무슨 말부터 꺼내야 할까?", "어떤 단어를 쓰면 오해 없이 내 마음을 전할 수 있을까?"를 고민하게 될 것이다. 사적인 편지를 쓰더라도 그것이 매우 중요한 내용을 담고 있다면 우리는 당연히 그 구조와 내용을 고민하게 될 것이다.

국제적으로 통용되는 공식문서의 구조는 그런 의미에서 매우 중요하다. 표준문서의 '구조'는 내용 전달의 정확성과 편리성을 위해서 이미 표준화되어 사용 중이다. 본격적으로 표준전쟁에 뛰어들려면 표준전쟁의 기본 도구인 국제표준문서의 구조를 파악해야 한다. 국제표준문서의 작성 방법은 '국제표준 개발의 실제'에서 예시와 함께 다룰 것이다. 여기서는 표준문서의 뼈대, 즉 구조를 파악하는 것이 목적이

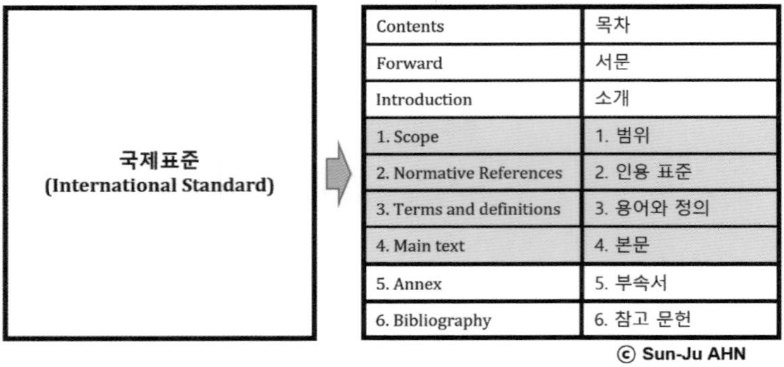

국제표준
(International Standard)

Contents	목차
Forward	서문
Introduction	소개
1. Scope	1. 범위
2. Normative References	2. 인용 표준
3. Terms and definitions	3. 용어와 정의
4. Main text	4. 본문
5. Annex	5. 부속서
6. Bibliography	6. 참고 문헌

ⓒ Sun-Ju AHN

<그림 6-1> ISO 표준문서의 구조

다. 국제표준의 내용을 전달할 목적으로 만들어진 'ISO simple draft template'는 '서문'으로 시작해서 '참고문헌'으로 끝난다.

서문(forward)

ISO와 IEC는 다음과 같은 서문을 사용한다. '서문'은 ISO/IEC 기술작업지침서에서 정한 국제표준 개발 절차에 따라 이 표준이 개발되었음을 설명하고 있다. 이 표준과 특허가 연계되어 있을 가능성에 대해서도 언급한다. 또한 이 표준을 개발한 국제표준화기구의 명칭과 이 표준이 몇 번째 개정판인지를 명시한다.

도입(introduction)

'도입'은 특허와 연계된 표준인 경우 특허 선언을 하는 부분이다. 특허와 무관한 표준인 경우 이 표준이 어떻게 개발되었고, 왜 중요한지에 관해서 기록하는 부분이다.

제목(title)

제목은 간결할수록 좋다. 가급적 누구나 아는 단어를 사용해서 쉽게 기억할 수 있도록 한다. 제목은 표준 내용의 압축된 표현이라고 할 수 있다. 제목은 두 개 혹은 세 개의 요소로 구성된다. 'Introductory element'에는 보통 이 표준을 개발한 기술위원회의 명칭이 그대로 사용된다. 'Main element'는 이 표준안의 내용을 대표하는 제목이다. 어떤 표준은 여러 부분으로 나눠진다. 이 때 'Part 1', 'Part 2' 등으로 제목을 기재한다(<그림 6-2> 참조).

Title (Introductory element — Main element — Part #: Part title)

<그림 6-2> 제목 (출처: ISO)

◎ ISO/IEC DIS 23053
Framework for Artificial Intelligence (AI) Systems Using Machine Learning (ML)

◎ ISO/IEC CD 23894.2
Information Technology — Artificial Intelligence — Risk Management

◎ ISO/IEC DTR 24027
Information technology — Artificial Intelligence (AI) — Bias in AI systems and AI aided decision making

◎ ISO/IEC AWI 24029-2
Artificial intelligence (AI) — Assessment of the robustness of neural networks — Part 2: Methodology for the use of formal methods

<그림 6-3> ISO 표준 제목의 예 (출처: ISO/IEC JTC1(인공지능) 홈페이지)

범위(scope)

이 표준이 무엇을 어디까지 다루는지 설명한다(<그림 6-4>). 한 두 문장으로 작성한다. 일부 표준에서는 이 표준의 잠재적 사용자와 기대되는 편익도 기술한다.

'자동차 이동형 선별진료소 표준운영절차'의 '범위'를 참고하기 바란다(<그림 6-5>).

1 → Scope ***(mandatory)***

Type text

<그림 6-4> 범위 (출처: ISO simple draft template)

1 Scope

This document describes the operation of a Drive-through Screening Station (DTSS) for mass testing as part of pandemic response management (PRM).

<그림 6-5> 범위 예시 (출처: 자동차 이동형 선별진료소 표준운영절차 표준안)

인용 표준(normative reference)

이 표준에서 핵심적으로 인용한 표준을 열거한다. 단순히 참조한 표준인 경우는 참고문헌에 표기한다. 만약 인용 표준이 있다면 '1)'번 문장을, 인용 표준이 없다면 '2)'번을 남겨두어야 한다(<그림 6-6>).

'자동차 이동형 선별진료소 표준운영절차'의 '인용 표준'을 참고하기 바란다. 이 표준에서 인용한 표준이 없다는 것을 알 수 있다(<그림 6-7> 참조).

2 → Normative·references·*(mandatory)*

Two·options·of·text·(remove·the·inappropriate·option).

1)→ The·normative·references·shall·be·introduced·by·the·following·wording.

The· following· documents· are· referred· to· in· the· text· in· such· a· way· that· some· or· all· of· their· content· constitutes· requirements· of· this· document.· For· dated· references,· only· the· edition· cited· applies.· For· undated·references,·the·latest·edition·of·the·referenced·document·(including·any·amendments)·applies.

ISO°#####-#,·*General·title°—·Part°#:·Title·of·part*

ISO°#####-##:20##,·*General·title°—·Part°##:·Title·of·part*

2)→ If·no·references·exist,·include·the·following·phrase·below·the·clause·title:

There·are·no·normative·references·in·this·document.

<그림 6-6> 인용표준 (출처: ISO simple draft template)

2 Normative references

There are no normative references in this document.

<그림 6-7> 인용 표준 예시 (출처: 자동차 이동형 선별진료소 표준운영절차 표준안)

용어와 정의(terms and definitions)

독자가 이해하기 쉽도록 표준의 본문에 나오는 용어와 그 정의를 기술하는 부분이다. '인용 표준'이나 참고한 표준에서 원문을 가져오는 것이 대부분이고, 만약 국제표준문건에 적절한 정의가 없다면 외부 문헌을 참고해서 작성한다.

본문(main text)

표준의 내용을 기록하는 부분이다. 이 부분은 해당 표준에서 가장 중요한 부분이다. 본문에서 '그림', '수식', '목차'를 표기하는 방식은 모

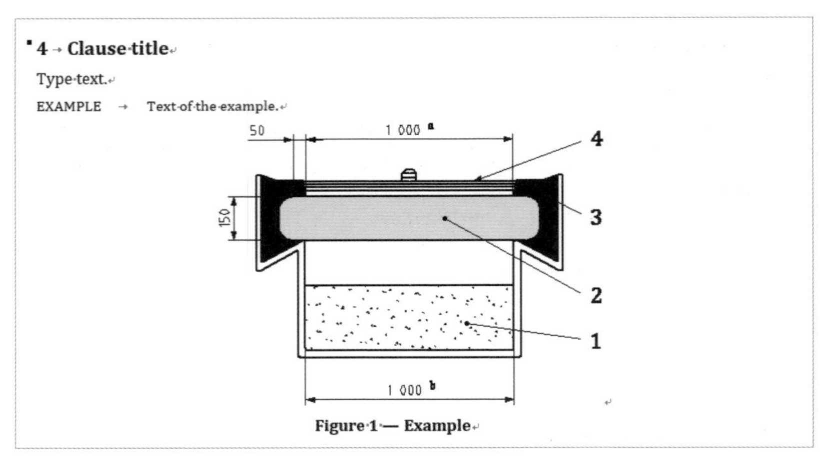
4 → Clause title

Type text.

EXAMPLE → Text of the example.

Figure 1 — Example

<그림 6-8> 본문 (출처: ISO)

두 표준화 되어 있다(<그림 6-8> 참조).

부속서(annex)

부속서는 정보용(informative) 문서이다. 즉, 참고용으로 제공되는 부분이다.

참고문헌(bibliography)

이 표준에서 참고한 문헌들을 기록한다.

국제표준안 개발의 실제

국제표준안 개발

이 장에서는 국제표준 업무를 처음 시작하려는 연구자를 위한 표준안 개발의 구체적인 절차를 설명하고자 한다. 현재 나와 있는 절차는 필요에 따라 순차적이거나 동시에 진행해도 문제없다.

기존 표준 조사

자신의 연구결과를 표준으로 만들고자 하는 사람은 기존에 있는 표준들을 살펴보아야 한다. 기존에 발간된 국제표준 목록을 조회하는 곳이 바로 '온라인 브라우징 플랫폼(Online Browsing Platform, OBP)'이다.

기존 표준을 조회하다 보면 의외로 자신의 연구결과와 유사한 표준 제목을 발견하는 경우도 있다. 비슷한 제목과 범위라고 하더라도 반드

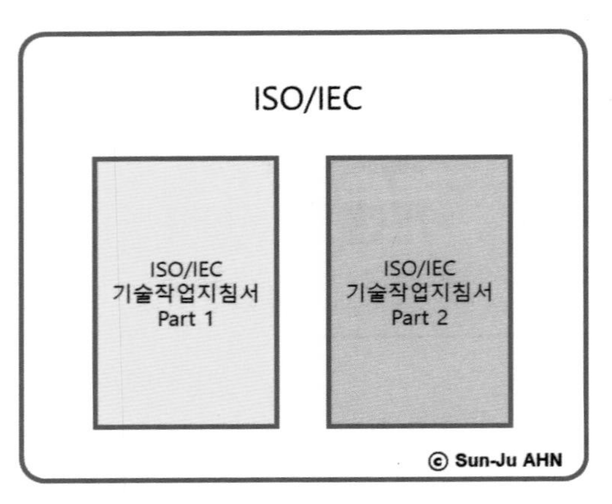

<그림 6-9> 국제표준회의 참석자 및 프로젝트 리더를 위한 ISO/IEC 기술작업 지침서 2종
(출처: 저자)

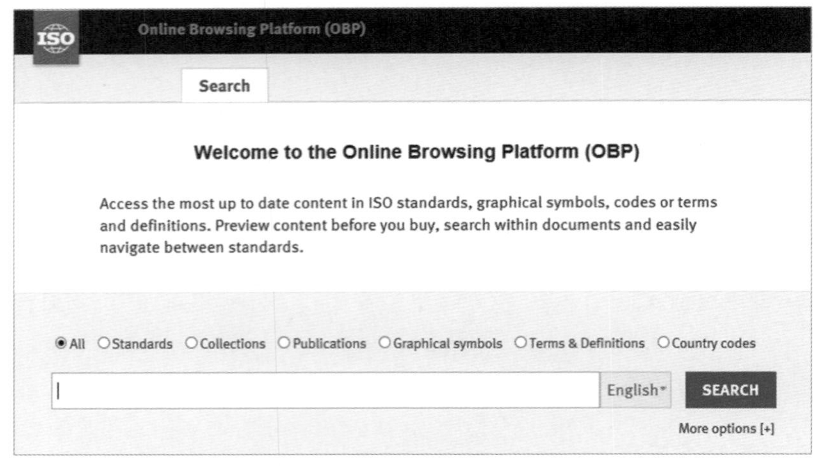

<그림 6-10> 공식 표준 조회 사이트 OBP의 초기화면 (출처: https://www.iso.org/obp/ui)

시 해당 문건을 꼼꼼히 살펴보아야 한다. 제목은 비슷하지만 완전히 목적과 범위(scope)가 다른 경우도 있다. 또한 관련 표준이 있지만 상세 정도(level of detail)가 다른 경우도 있음을 고려해야 한다. 또한 선언

적이고 추상적인 기존 표준이라면 새 표준으로 실행 가능한 수준의 적용 절차를 제시한다.

개발 주제와 제목 결정

기존 표준 조사 결과 새로운 표준 제안이 가능하다고 판단하면 연구자는 개발 주제를 선정하고, 핵심 단어가 포함된 제목을 정한다.

개발 범위 결정

표준 개발에 포함되는 범위와 포함되지 않는 범위를 결정한다. 하나의 주제 영역에 대해서 N개의 표준시리즈 개발을 계획한다면 파트1, 파트2의 형식으로 표현한다. 한 번에 한 파트만 개발하는 것이 보통이지만, 꼭 일시에 여러 파트를 개발해야 할 경우 함께 제안할 수 있다.

국제표준안 작성

서식 4 작성의 실제

ISO에서는 국제표준 제정에 필요한 서식을 표준화해서 사용한다. 이 중 서식 4(Form 4)는 신규 표준안(작업 항목) 제안을 위한 표준 서식이다.

새 표준 제안을 위해서 서식 4를 꼼꼼하게 작성해야 한다. 서식 4의 제목, 범위, 정당성을 보고 해당 제안이 해당 기술위원회의 표준개발 범위에 속하는지 여부를 판단하기 때문이다. 다시 말해 서식 4는 제안할 표준과 기술위원회의 표준개발 범위(scope)가 일치하는지를 확인하는 기본 문서이다.

<그림 6-11>에서 'Proposer'은 표준 제안을 하게 되는 개인이 아닌,

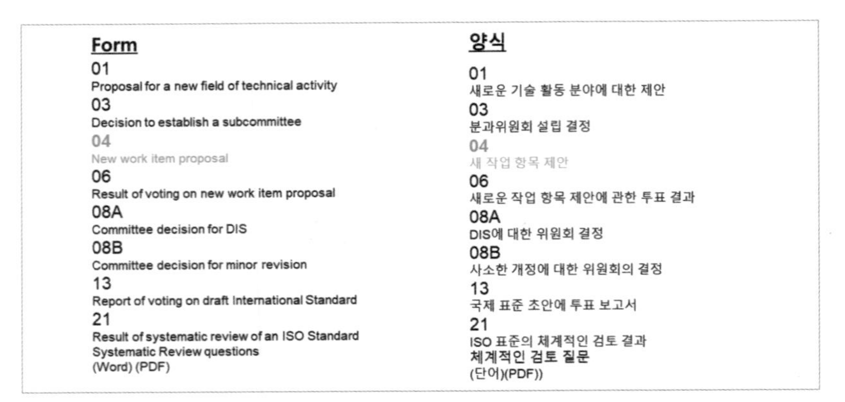

Form	양식
01 Proposal for a new field of technical activity	01 새로운 기술 활동 분야에 대한 제안
03 Decision to establish a subcommittee	03 분과위원회 설립 결정
04 New work item proposal	04 새 작업 항목 제안
06 Result of voting on new work item proposal	06 새로운 작업 항목 제안에 관한 투표 결과
08A Committee decision for DIS	08A DIS에 대한 위원회 결정
08B Committee decision for minor revision	08B 사소한 개정에 대한 위원회의 결정
13 Report of voting on draft International Standard	13 국제 표준 초안에 투표 보고서
21 Result of systematic review of an ISO Standard Systematic Review questions (Word) (PDF)	21 ISO 표준의 체계적인 검토 결과 체계적인 검토 질문 (단어)(PDF))

<표 6-1> ISO의 주요 서식

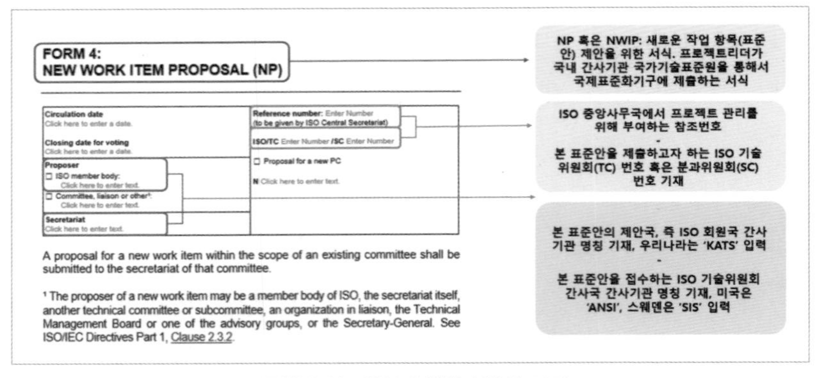

FORM 4:
NEW WORK ITEM PROPOSAL (NP)

Circulation date Click here to enter a date. **Closing date for voting** Click here to enter a date.	**Reference number:** Enter Number (to be given by ISO Central Secretariat) **ISO/TC** Enter Number **/SC** Enter Number
Proposer ☐ ISO member body: Click here to enter text. ☐ Committee, liaison or other[1]: Click here to enter text.	☐ Proposal for a new PC **N** Click here to enter text.
Secretariat Click here to enter text.	

A proposal for a new work item within the scope of an existing committee shall be submitted to the secretariat of that committee.

[1] The proposer of a new work item may be a member body of ISO, the secretariat itself, another technical committee or subcommittee, an organization in liaison, the Technical Management Board or one of the advisory groups, or the Secretary-General. See ISO/IEC Directives Part 1, Clause 2.3.2.

<그림 6-11> 서식 4 설명 1 (출처: 저자)

그 개인이 속한 회원국을 말한다. 'Secretariat' 역시 해당 기술위원회 혹은 작업반 내 간사가 아닌, 서식 4를 접수하는 간사 국의 간사 기관을 말한다. 국가별로 새 표준 제안은 매우 중요한 실적이 된다. 향후 해당 분야 산업의 경쟁력을 가늠할 수 있는 지표로도 활용할 수 있기 때문이고, 생산과 교역에 필요한 기준을 생성한다는 상징성 또한 높다.

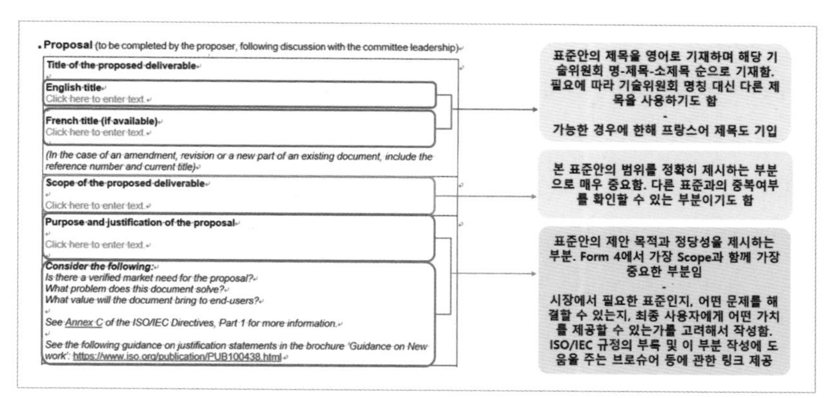

<그림 6-12> 서식 4 설명 2 (출처: 저자)

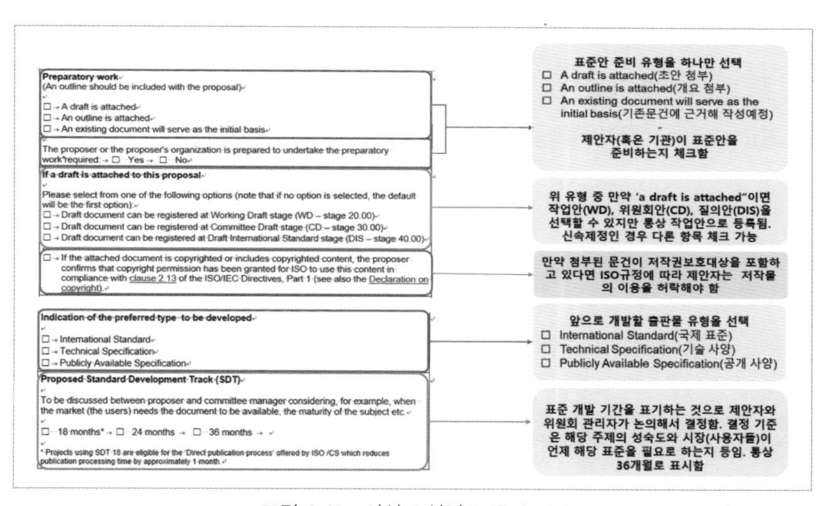

<그림 6-13> 서식 4 설명 3 (출처: 저자)

서식 4를 작성했다면 이제 표준 문건을 작성해보도록 한다.

표준안(ISO simple draft template) 작성 원칙[1]

'ISO simple draft template'는 ISO에서 배포하는 문건 양식이다. 양식은 홈페이지에서 다운로드 가능하며 수정 사항이 있는 경우 갱신된다.[2]

ISO에서는 표준안 작성자를 위한 가이드인 'How to write standards'를 배포하고 있다. 아래 내용은 이 가이드를 요약 정리하되 독자의 이해를 돕기 위해 그림과 설명을 추가하였다.

평이한 영문으로 작성하라

표준 작성자는 표준을 읽는 사람들이 내용을 명료하고 정확하게 이해할 수 있도록 모호하고, 복잡한 단어의 사용을 피해야 한다. 보편적인 용어를 사용하면 번역에 드는 비용을 최소화할 수 있고, 이해하기도 쉽다. 자신이 쓴 표준안의 내용을 소리 내서 읽어보거나 자신이 표준을 읽는 독자 입장이 되어보라. 가급적 문장을 짧게 만드는 것이 좋다. 하나의 아이디어만을 하나의 문장에 담아라. 단어의 중복을 피하고, 불필요한 단어는 제거하라. 명사보다는 동사를 사용하라. 사투리 사용을 줄이고 일상 용어를 사용하라 특히 범위(scope)에서 평이한 영문으로 작성하는 것이 중요하다. 또한 동일한 개념에 대해서 동일한 용어를 쓰라. 동의어를 사용하지 말라.

'요구사항'과 '권고사항'을 잘 구분하라

표준문서의 모든 장에서는 표준독자들이 표준의 내용이 요구사항(requirement)인지, 아니면 권고사항(recommendation)인지, 아니면 다른

---

1 ISO, How to write standards, Tips for standards writers

2 https://www.iso.org/iso-templates.html

종류인지를 명확하게 제시해야 한다.[3]

'ISO/IEC 기술작업지침서 Part2—ISO와 IEC 문서의 구조 및 초안 작성을 위한 지침'에서는 규범적 문서에 사용되는 조건 표현에 대한 자세한 설명을 제공하고 있다.[4]

표준 제목은 최대 3개 요소로 구성하라

표준 문서의 제목은 최대 3개의 요소로 명확하게 기술되어야 한다.

- an introductory element
- a main element
- a complementary element

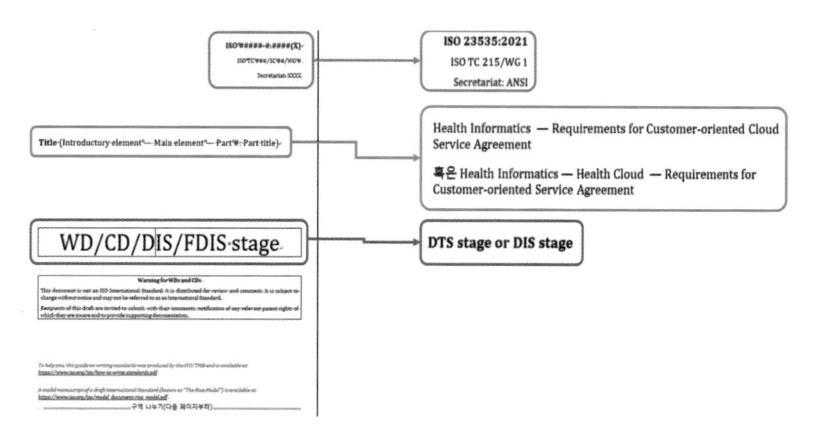

<그림 6-14> ISO simple template (출처: 저자)

3 규범적 문서인 IS와 TS에서는 아래 표현을 사용한다.

4 ISO/IEC 기술작업지침서 Part 2 — ISO와 IEC 문서의 구조 및 초안 작성을 위한 지침, 한국어 번역판(한국표준협회) 2017, https://i-standard.kr/bbs/board.php?bo_table=dataroom&wr_id=59&sst=wr_hit&sod=asc&sop=and&page=7

<그림 6-14>는 저자가 진행 중인 표준안 제목이다. 우측 상단에는 표준 관리번호(ISO가 부여), 국제표준화기구(ISO), 기술위원회(TC 215) 및 작업반(WG1)을 볼 수 있다. 제목을 보면 3개로 구성된 것을 알 수 있다. 제목은 짧고 명료하게 기록해야 부르기도, 기억하기도 좋다. 통상 2개, 혹은 3개의 요소로 표기한다. 저자의 표준안을 2개의 요소로 표현하면 위의 것(Health Informatics-Requirements for Customer-oriented Cloud Service Agreement)이고, 3개의 요소로 표현하면 아래 것(Health Informatics-Health Cloud-Requirements for Customer-oriented Service Agreement)이다(<그림 6-14> 빨간 박스 참조).

도입 부분 작성

문서의 앞쪽에 위한 도입(introduction) 부분은 문서의 내용을 알려주는 역할을 한다. 왜 이 문서가 필요한지에 관해서도 설명한다. 이 부분은 반드시 기재할 필요가 없지만 ISO에서는 문서의 앞에 포함하는 것을 권장한다.

범위 부분 작성

범위(scope)는 해당 표준이 무엇에 관한 것인지를 나타내는 것으로 반드시 작성해야 하는 부분이다. 이 부분에서 본문에 포함하는 내용과 포함하지 않는 내용을 정리해서 제시하게 된다. 적용 영역이나 이 표준의 잠재적 사용자에 대해 언급하기도 한다. 아래에 범위를 기술하기 위한 전형적인 표현들이 나와 있다. 이것은 예시이며, 필요에 따라 프로젝트 리더가 다른 표현을 사용해도 문제없다.

- This document specifies ...

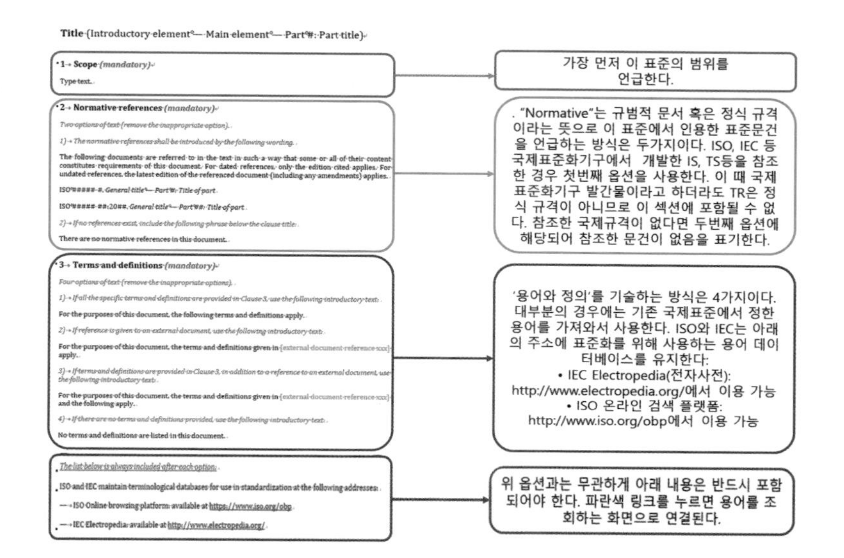

<그림 6-15> ISO 템플릿 설명, 범위와 인용 표준, 용어와 정의 (출처: 저자)

- This document establishes ...
- This document gives guidelines for ...
- This document defines terms ...

조금 전 적용 영역을 범위 부분에서 다루기도 한다고 이야기하였다. 적용 영역을 다루는 표현으로 다음과 같은 표현을 사용할 수 있다.

- It is applicable to···
- It is not applicable···

인용 표준 작성

인용 표준(normative reference)이란 해당 표준이 그 규정의 일부를 구성하기 위해서 본문에서 인용한 국제표준 혹은 이에 준하는 표준 문서를 말한다.[1] 인용 표준 부문은 필수 작성 부분에 속한다. 인용 표준이 없다면 '인용 표준이 없다(There are no normative references in this document)'는 표준 문구를 포함해야 한다.

ISO/IEC 기술작업지침서 Part 2에 따른 표준 문서작성 원칙

표준 문서 혹은 표준안 작성을 위한 원칙은 ISO/IEC 규정 2에 제시되어 있으며[2] 여기서는 주요 내용을 요약하였다.

'목적 지향의 접근'이라 함은 표준화의 목적과 목표에 따라 표준화 범위가 결정되므로 표준화 대상의 모든 특성을 표준화 할 수 없고, 그

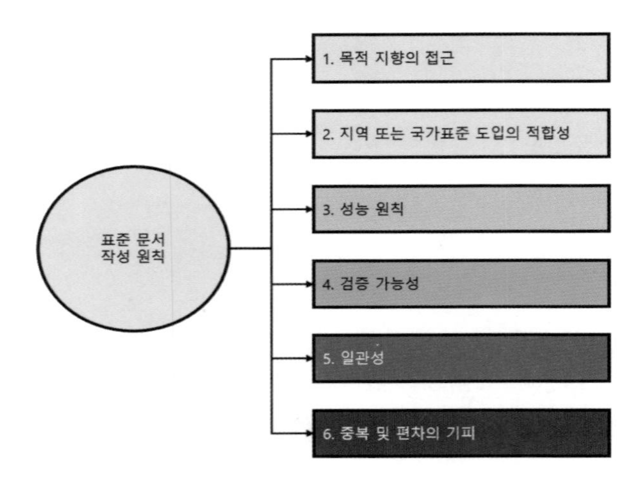

<그림 6-16> 표준문서 작성 원칙

1 KS A 0001:2021, 표준의 서식과 작성방법

2 ISO/IEC 기술작업지침서 Part 2 — ISO와 IEC 문서의 구조 및 초안 작성을 위한 지침, 한국어 번역판(한국표준협회, 2017)의 표현을 유지하였다.

럴 필요도 없다는 것이다. '지역 표준 또는 국가 표준의 적합성'이란 국제적 수용에 적합한 특성을 선택해야 한다는 의미이다. 각 국의 법규, 기후, 환경, 경제, 사회 여건, 교역 관행의 차이로 인해서 몇 개의 선택사항을 포함할 수도 있다. 문서의 내용을 아무런 변경 없이 지역이나 국가 표준으로서 적용하여 채택할 수 있도록 작성되어야 한다는 의미이다. '성능 원칙'이란 가능한 모든 경우에, 요구사항은 설계나 외형적 특성이 아니라 성능 기준으로 표현되어야 한다는 것이다. 이 원칙은 기술 개발에 최대한의 자유를 부여하며, 바람직하지 않은 시장 충격을 최소화하기 위한 목적이다. 중요한 특색이 성능 요건에서 생략되지 않도록 주의를 기울여야 한다. 그런데 유의할 사항은 성능 기준 특정은 복잡하며 고비용이며 오래 걸리는 시험 절차로 이어질 수 있다는 점이다. ISO/IEC 기술작업지침서 Part 2에서 성능 표준 원칙에 대한 다음과 같은 예시를 제시하고 있다.

예
테이블에 관한 요건의 특정을 위해 다른 접근방식이 가능하다.
설계 요건: 테이블은 4개의 목재 다리가 있어야 한다.
성능 요건: 테이블은 ~에 부착되었을 때 ~하도록 제작되어야 한다(안정성과 강도 기준).

<그림 6-17> 설계 요건과 성능 요건의 비교[3]

'검증 가능성' 요건은 표준의 내용은 객관적 검증이 가능해야 하며, 검증할 수 있는 요건만이 포함되어야 한다. 그렇기 때문에 '충분히 강한'이나 '적당한 강도의' 같은 주관적 표현은 검증이 불가능하므로 사

3 ISO/IEC 기술작업지침서 Part 2 — ISO와 IEC 문서의 구조 및 초안 작성을 위한 지침, 한국어 번역판(한국표준협회, 2017)

용하지 말아야 한다. '일관성'은 각 문서 내에서 그리고 일련의 연관되는 문서들에서 유지되어야 하는 것인데, 예를들면 동일한 조항을 표시할 때는 동일한 문구를 써야 하고, 전체 내용에 걸쳐 동일한 용어를 사용해야 한다는 의미이다. '중복 및 편차의 기피'는 문서 내에서 내용의 중복을 피하는 원칙이다. 특히 다른 표준에 있는 요건을 원용할 필요가 있을 때에는, 반복의 방식이 아니라 인용의 방식으로 해야 한다.

국제표준안 제안

학교에 입학할 때 입학원서를, 입사를 원할 때 입사지원서를 내는 것처럼 국제표준화기구에 새로운 표준을 제안하고자 하는 사람은 반드시 서식 4를 작성해서 제출하는 것으로 표준 개발의 기나긴 여정을 시작하게 된다(<그림 6-18> 참조). 서식 4는 프로젝트 제안자가 어느 표

단계	문서	기간
출판단계 Publication stage (60)	국제표준 IS	36개월 내 발간완료
승인단계 Approval stage (50)	최종국제표준안 FDIS	투표기간 2개월
질의단계 Enquiry stage (40)	질의안 DIS	투표기간 ISO 3/IEC 5개월
위원회단계 Committee stage (30)	위원회안 CD	투표기간 2개월
준비단계 Preparatory stage (20)	작업안 WD	작업기간 12개월
제안단계 Proposal stage (10)	신규표준안 NP	투표기간 3개월
예비단계 Preliminary stage (00)	Form 4 / Draft	ⓒ Sun-Ju AHN

<그림 6-18> 국제표준 제안 단계 (출처: 저자)

준화기구에 어떤 표준을 제안할 것인지에 대한 간략한 내용을 기록해서 해당 기술위원회 간사에게 제출하는 문서이다. 프로젝트 리더 혹은 제안자가 작성해서 국내 간사 기관인 국가기술표준원이 제출한다. 정식 명칭은 Form 4: NEW WORK ITEM PROPOSAL이다. 약어로 NWIP 혹은 NP로 표기한다.

국제표준화기구 및 기술위원회/분과위원회 선택

ISO, IEC, ITU에는 많은 기술위원회(Technical Committee, TC)가 있다. 먼저 ISO로 갈 것인지, IEC 혹은 ITU로 갈 것인지 결정한다. 기술위원회는 신생 위원회가 아니라면 보통 여러 개의 작업반(Working Group) 혹은 분과위원회(Subcommittee)가 활동하는 경우가 많다. 참고로 기술위원회 번호는 위원회가 생겨난 순서대로 부여되며, 각 표준화기구 홈페이지에서 기술위원회의 활동 역사, 활성화 정도는 발간 표준의 수, 참여 국가의 수, 참여 전문가의 수 등 객관적인 지표로 파악할 수 있다. 홈페이지 우측에 있는 'working area'를 클릭하면 해당 기술위원회[1] 표준 개발 영역을 알 수 있다.

기술위원회/분과위원회가 있는 경우

만약 기존에 설립된 기술위원회 중 표준개발 범위가 비슷한 위원회가 있다면 해당 기술위원회 산하 작업반의 명칭과 그 작업반의 표준개발 범위를 확인한다. 이때 본인이 만들고자 하는 표준의 핵심 단어를 포함하고 있는 표준이 있다면 꼭 사전검토(preview)를 살펴보아서 해당 작업반에서 자신의 표준안을 제안할 수 있는지 여부를 확인해야 한다.

---

1 https://www.iso.org/technical-committees.html

또한 사전검토 과정에서 자신의 연구 내용과 내용이 중복되는 부분은 없는지 확인해야 한다.

기술위원회/분과위원회가 없는 경우

연구자는 자신이 제안하려는 주제와 정확하게 일치하는 기술위원회를 선택해야 하지만 새롭게 출현한 기술일 경우 공식표준화기구에 적절한 기술위원회가 없는 경우가 대부분이다. 이럴 경우의 대안은 새로운 기술위원회를 만들거나, 비슷한 기술위원회를 찾아서 자신의 표준안이 해당 기술위원회에서 다룰 수 있는지 문의하고 확인하는 방법이다. 새로운 기술위원회를 설립하려면 공식표준화기구가 정한 절차에 따라 추진해야 한다. 새 기술위원회 설립은 TMB(Technical Management Board)에서 결정하는 사항이다. TMB가 기술위원회를 설립하는 방법은 두 가지다. 첫째는 기존 분과위원회(subcommittee)를 새로운 기술위원회로 전환하는 방법이다. 둘째는 사회적 요구에 의해 기존에 전혀 없던 새로운 기술위원회를 설치하는 방법이다. 새 기술위원회 설치를 제안할 수 있는 기관 자격으로는 국내 간사 기관, 기술위원회 혹은 분과위원회, TMB등이다(ISO 지침 1의 1.5.3 참조). 이때 ISO가 정한 서식을 제출해야 한다.[1] 기술위원회, 분과위원회, 작업반 설립에 대해서는 ISO 지침을 참고하기 바란다.

국내 전문위원회에서 초안 발표 및 승인

국제표준화기구에 대응하는 국내 위원회가 '전문위원회'이다. 국제표준화기구 기술위원회별로 국내 전문위원회가 구성되어 운영되기도

1 https://www.iec.ch/standardsdev/resources/docpreparation/forms_templates/)

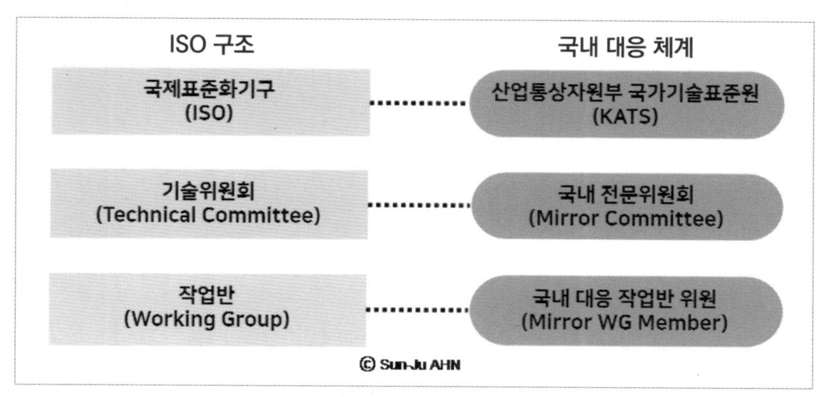

<그림 6-19> ISO 구조와 국내 대응 체계 (출처: 저자)

하지만 대응 전문위원회가 아예 없는 경우도 있다. 국내 전문위원회에서 자신이 진행할 표준안 초안을 발표하고 승인을 얻는 절차가 필요하다. 이는 국내 전문위원회에서 내용의 적절성과 타당성을 평가하고 투표하는 과정이다.[2]

국제표준화 회의 참석과 발표

처음으로 국제표준화 회의에 참석하려면

Global Directory에 등록하기

회의에 참가하기 위한 첫 절차는 산업통상자원부 국가기술표준원에 요청해서 Global Directory(GD)등록을 하는 것이다. GD등록은 ISO에

2 국내 전문위원회에서 표준 초안 발표를 생략하는 경우도 있다.

회원국 전문가로서의 지위를 받기 위한 절차이다. GD등록을 한 후에 기술위원회 웹사이트에서 사전 등록을 하지 않으면 현장 회의에 입장이 허용되지 않는 것이 원칙이다. 보통 GD등록은 표준개발협력기관(Co-operation Organization for Standards, COSD)[1]이 접수를 받아 간사 기관인 국가기술표준원 소속 전문위원이 수행한다. GD등록을 위한 정보는 성명, 소속, 직위, 연락처 등 개인정보와 본인이 활동할 작업반 정보이다. 이 때 꼭 한 개의 작업반에 등록해야 할 의무는 없다. 본인의 연구 분야와 관련되는 작업반이 있다면 함께 등록해서 정보를 수신하는 것도 최신 정보 파악에 도움이 된다.[2] 작업반에 등록하고 난 후, 회의 어젠다를 비롯한 회의공지관련 문서들을 이메일로 수신할 수 있다.

연간 두차례에 걸친 총회 및 작업반 회의에 참석하려면 반드시 사전 등록을 해야 한다. 최근 몇 년 동안 회의장에 대한 보안 절차가 다소 강화되는 분위기이다. 온라인 회의 역시 사전 등록은 필수다. 사전 등록을 한 사람에게만 줌(zoom) 혹은 웹엑스(webex)미팅 링크를 보내준다. 기술위원회별로 현장 회의 참석 자격에 제한을 두는 경우도 있으니 해당 위원회 룰을 확인하는 것이 좋다. 예를 들어 ISO/IEC JTC 1/SC 42(AI) 회의는 보안요원이 입구에서 출입자의 명패를 확인한다. 국내 전문위원회가 소속 위원(mirror committee member)이 아닌 관찰자(observer) 자격으로 국제 회의에 참가하는 것 자체를 불허하는 경우도 있다. 이는 해당 위원회에서 관찰자 자격으로 회의에 참석한 사람이 문제를 일으켰던 적이 있어서 통제하는 경우이거나, 위원회나 간사 기

---

1 국가 표준관리 효율성을 높이고 시장수요를 표준에 신속 반영하기위해 국가 표준 제•개정 절차 중 표준개발•보급 등의 집행업무를 전문성 있는 민간기관을 선정하여 운영하는 제도다. 기술위원회별로 국내에 전문위원회가 운영되고, 이 전문위원회 운영을 통상 COSD기관이 맡고 있다.

2 복수의 작업반에 등록할 경우, 해당 작업반에서 회람하는 문건을 검토하고 투표하는 의무도 주어지는 경우가 많으니 이를 참고해서 결정하면 된다.

관의 정책적 필요에 의해서 결정되는 경우도 있으니, 관찰자 자격으로 국제 회의에 참석하고자 하는 사람은 사전에 이를 확인해야 한다.

국제 표준화 회의 관찰하기

관찰자 자격으로 회의에 참석하는 것을 금지하지 않는 위원회라면 국제표준화 회의에 참석해서 전체 프로세스와 분위기를 익혀보는 것을 추천한다. 잘 보고 관찰하는 것만으로도 훌륭한 학습이 된다. 사안별로 어떻게 처리하는지, 이견이 있을 때 합의에 이르기 위한 토론은 어떤 식으로 진행되는지 파악해 보자. 특히 특정 표준을 놓고 국가 간 경쟁하면서도 기여하는 것을 보고 많은 것을 체험할 수 있게 된다. 책에서만 보던 것이 아니라 현장의 분위기를 익히는 과정이다. 이러한 관찰 기간은 이후에 자신이 국제표준을 제안하고 만들어 나갈 때 큰 도움이 된다.

작업반 간사에게 발표 요청하기

국제표준화 회의에서 발표하려면 회의시작 8주에서 16주 전에 작업반 간사 혹은 의장에게 자신이 발표할 수 있도록 표준안 제목을 회의 어젠다에 포함해 줄 것을 요청해야 한다. 어떤 내용을 발표할 것인지 관련 자료(PPT, 서식 4 등)를 미리 보내는 것이 좋다. 모든 국제표준화 작업반 회의의 첫 시간은 간단하게 자신의 이름과 국가를 소개한다. 바로 이어지는 순서는 어젠다 검토이다. 만약 어젠다에 포함되지 않았는데, 발표 순서를 받고자 하면 공식 회의 첫 날 어젠다 검토 시간 전에 의장과 간사에게 정중하게 요청한다. 물론 공식회의 시작 전에 미리 의장과 간사에게 요청을 하는 것이 예의이다. 하지만 만에 하나 다른 회원국 전문가가 어젠다 변경을 반대하면 발표 기회를 얻기 힘들다.

작업반 회의 스케줄이 예정보다 일찍 끝나서 시간이 남는 경우에 간혹 발표 기회를 얻더라도 즉흥적인 발표이기 때문에 회원국 전문가들의 해당 세션 참석률이 떨어진다.

처음으로 국제표준화회의에서 발표하려면

발표자와 발표자료(PPT) 작성을 위한 팁

이 장은 저자의 국제표준화 회의 참석 경험을 바탕으로 작성된, 철저히 주관적인 팁임을 밝힌다. 국제표준화회의별 진행방식이나 선호하는 형식이 다를 수 있으므로 해당 회의에 맞게 발표를 준비하자. 저자의 경험상 공통사항만을 뽑아 정리하였다.

발표자의 준비된 태도가 모든 것을 결정한다

외국인 비중이 압도적으로 많은 국제표준 회의에서 처음 자신의 표준안에 대해 발표하는 프로젝트 제안자(혹은 리더)는 설렘과 동시에 긴장감이 교차하게 될 것이다. 설렘과 자신감은 높이고 긴장감을 최대한 낮추려면 발표 자료를 잘 준비해 가면 된다. 여기서 잘 준비한다는 것은 표준 제안에 꼭 필요한 요소를 다 갖추었고, 발표 후에 받게 될 예상질문에 대한 답변도 준비한 상태를 말한다. 또 돌발질문이나 코멘트를 받았을 때도 당황하거나 배척하지 않고 열린 자세로 경청하고 성실히 답변하는 것이다. 발표 자료와 발표자의 태도가 잘 준비된 것이 가장 잘 준비된 것이다.

태도의 중요성을 알려주는 일화를 소개하고자 한다. 지금으로부터 7, 8년 전이었다. 미국의 국립표준기술연구소(NIST) 소속 전문가가 ISO/TC 215(보건의료정보)회의에 처음으로 참석해서 표준안을 제안한

적이 있었다. 이 저명한 전문가는 누구나 알만한 사람이요, 미국 소속인데다, 국립표준기술연구소 고위직이라서 외형적으로 봤을 때 화려한 이력으로 환영받을 만한 사람이었다. 그런데 발표를 듣는 동안 우리 모두는 '프로젝트 준비 상태가 아주 미흡하다'는 생각을 한 것 같다. 파워포인트(PPT)는 화려한데, 필수적인 제안 내용이 포함되지 않았다. 그 사람의 발표가 끝났지만 마치 약속이나 한 듯이 아무도 질문과 코멘트를 하지 않았다. 그 사람은 몹시 당황했고 얼굴이 벌개졌다. 그 사람의 전문성과 지명도를 생각하면 그가 아무리 준비가 불충분했더라도 전문가들이 그 사람의 잠재적 가능성(?)을 믿고 반응을 보여줬어야 할 것 같은데, 아무도 그러지 않았다. 그 날 이후 그 사람은 ISO/TC 215에 나타나지 않았다.

첫 발표가 주는 첫 인상

첫 발표는 매우 중요하다. 첫 발표는 발표자가 어떤 사람인지 국제사회에 소개하는 것이다. 첫 인상이 이 순간에 결정된다. 프로젝트 리더가 발표하는 모습과 내용을 보면, 그 사람의 실력, 전문성, 프로젝트[1]에 대한 애착과 열정의 정도가 드러난다. 그 사람이 별로 내키지 않은 일을 어떤 의무에 떠 밀려서 그 자리에 와 있는 것인지, 부하들이 다 만들어 준 스크립트를 본인은 아무 열의 없이 읽기만 하는 것인지, 해당 분야를 잘 모르면서 아는 척하는 것인지, 아니면 자신이 제안하는 표준을 최선을 다해서 준비해 왔는지가 어느 정도 드러나게 된다. 그리고 그 모든 느낌이 고스란히 회원국 전문가에게 전달된다. 이 인상은 향후 국제사회에서 본인의 이미지를 고착화시키는 출발점이다. 첫 발표가 끝

---

1 표준안을 프로젝트라고 부른다

나면 청중은 그 발표자에 대해 앞으로 막역한 동료가 될 수 있을지 아니면 단순히 사무적이고, 경쟁적인 관계로 남을지 감지하게 된다.

발표자료 작성의 실제

발표자료를 어떻게 작성하면 좋을까? 국제표준화회의에 참석해보면 프로젝트 리더 및 제안자 대부분이 파워포인트를 이용해서 표준안 내용을 발표한다. 다시 말해서 워드 문서에 작성된 서식 4나 초안 문건을 보여주며 표준을 제안하는 경우는 거의 없다. 사실 서식 4를 그대로 파워포인트로 옮겨서 발표해도 무방하다. 회원국 전문가들의 이해를 돕기 위해서 주로 적절한 예시와 그래픽 자료를 사용한다. 파워포인트, 엑셀, MS 워드 등 무엇을 써도 내용 전달만 잘 되면 되므로 어떤 포맷이 최적이라고 정해진 것은 없다. 그럼에도 파워포인트 형식이 가장 많이 사용되므로 파워포인트 발표자료를 어떤 내용으로 구성할 지 안내하고자 한다.

프로젝트 리더 소개

발표자가 온라인 혹은 오프라인에서 해당 작업반에서 처음으로 발표하는 것이라면 간략하게 자신을 소개하는 것이 좋다. 소개 시 주로 제안하려는 표준 관련 경력에 초점을 맞추어 이야기한다. 첫 발표이기 때문에 발표자가 국제표준화 전문가라는 인상을 주긴 어렵다. 하지만 회원국 전문가들에게 발표자의 연구 분야에서는 전문가라는 신호를 주는 것이 좋다. 국제표준화회의에서 프로젝트 리더의 발표는 단순히 내용 전달의 수단을 넘어 회원국 전문가들과의 기본적인 신뢰 형성의 단계로 봐야 한다.

제안 배경(background)

무엇이 문제이고, 왜 해결해야 하는가? 프로젝트 리더가 환경분석 결과를 바탕으로 해당 표준을 제안하려는 배경을 먼저 설명한다. 보통은 연구과정에서 파악한 미충족 수요(unmet needs)를 언급하게 된다. 예를 들면 "신기술과 관련 서비스는 엄청나게 발전하고 있지만, 품질을 객관적으로 측정할 수 있는 공신력 있는 절차가 없어 연구의 재현성이 보장되지 못하고 있다" 혹은 "여러 기기 간 호환성 보장을 위한 규격이 없어서 소비자들이 불편을 겪고 있다"라는 등의 내용이 포함된다. 이때 유의할 사항은 이 미충족 수요가 한 연구실, 지역 및 국가에 한정된 문제가 아니라 많은 국가와 지역에서 보편적으로 일어나는, 혹은 앞으로 맞닥뜨리게 될 문제라는 언급을 하는 것이 좋다. 이것은 회원국 전문가들의 공감을 얻기 위한 과정이다.

배경 설명에서 충분한 참고 문헌이나 시각 자료가 있으면 도움이 된다. 만약 자료가 불충분하다고 해도 문제되지는 않는다. 시나리오가 있다면 더 효과적으로 문제와 해결방안을 설명할 수 있다. 표준 개발의 필요성에 대해서 일목요연하게 회원국 전문가들이 납득할 만한 수준으로 설명하는 것이 중요하다. 이 때 주의할 점은 학술연구나 논문이라는 느낌을 주지 않는 것이 좋다. 현실 문제의 해결이라는 관점이 강조되어야 하는 이유이다. 처음으로 국제회의에 참석해서 발표를 할 때, "표준은 학술 논문이 아닌데 마치 논문 발표하는 것 같다"라고 기존 참석자들이 코멘트하는 경우가 있다. 따라서 발표의 뉘앙스나 전개가 표준 개발 상황에 잘 맞춰져야 한다.

범위(scope)

'배경'에서 문제를 언급했다면 '범위' 부분에서는 이 문제 해결을 위해서 이번 표준에서 다루는 경계선을 제시하는 단계이다. 이 때 '포함하는 범위'와 '제외하는 범위'를 명시하면 회원국 전문가들이 표준안의 개발 범위를 명확하게 이해하는데 도움이 된다. 범위를 너무 넓게 잡으면 지나치게 광범위하다(broad)하다는 코멘트를 듣게 될 가능성이 높다. 또 너무 추상적인 수준에서 범위를 언급하면 구체성이 결여되어 있다거나 모호하다는 코멘트를 듣게 될 수도 있으니 이 점에 유의한다. 만약 여러 개의 복잡한 문제가 얽혀 있는 주제라면 모든 문제를 일시에 다 해결하는 것이 아니라 이번 표준안에서는 어떤 문제를, 다음 표준안에서는 어디까지를 개발 범위로 다루는지 설명한다. 개발 범위에 대한 설명은 매우 중요하다. 이 단계에서 만약 비슷한 주제로 다른 작업반 혹은 같은 작업반에서 표준 개발이 진행중인 경우는 그 팀의 문건과 합쳐서 진행하는 것을 요청을 받을 수 있다. 발표 시 서식 4에 언급한 범위와 발표 슬라이드에 있는 범위를 일치시킨다. 표준 문서를 개발하는 과정에서 서식 4에서 제시한 표준개발범위를 벗어나 내용을 추가하려면 위원회 내에서 투표를 거쳐야 한다.

인용 표준(normative reference)

연구자가 제안하는 표준안과 관련이 있는 국제표준을 나열한다. 이 때 유의할 점은 기술보고서(TR)는 정식 국제표준문서가 아닌 정보용이므로 인용 표준에 포함하지 않는다.[1] 인용 표준을 언급하는 이유는 이번 표준안과 관계 있는 표준을 잘 따르고, 또 중복성이 없이 표준안을 개발하겠다는 의미를 담고 있다. 연구자가 종사하고 있는 산업이 이

---

1 그럼에도 간혹 발표 시에 유관 표준이 있는 경우 이를 언급하는 경우도 있는데, 이는 관련 정보를 충분히 조사했음을 알리기 위한 차원이다.

미 성숙단계에 접어들었다면 여러 표준들이 존재할 가능성이 높다. 모든 기존 표준을 열거하는 것이 아니라 자신이 제안하려는 표준과 아주 밀접히 연관된 표준을 다룬다. 인용할 표준을 검색하는 방법은 간단하다. 해당 기술위원회의 표준안 제목을 살펴보는 방법, ISO와 IEC에서는 핵심 단어 검색을 할 수 있는 데이터베이스에서 검색하는 방법[2], 일반적인 검색엔진에서 핵심 단어로 검색하는 방법이 있다. 향후 실제 자신의 표준에 특정 표준을 포함하면 이는 표준구매자가 제시된 인용 표준을 다 읽은 후에 이 표준을 이해할 수 있거나, 인용 표준을 정말로 문자 그대로 인용해서 이 표준안을 작성했거나, 표준의 일부 내용은 전적으로 인용 표준을 따라서 개발되었다는 의미를 포함한다. 인용한 표준이 없으면 기재하지 않는다.

주요 내용(contents)

표준안에 담을 내용을 설명하는 부분이다. 내용 발표에 있어 정해진 규칙은 없지만 저자의 경험에 의하면 그 방법은 크게 4가지 방식이다. 첫째, 주요 키워드를 나열하고, 해당 키워드별로 어떤 내용을 포함할 것이라는 것을 구두로 설명하는 방식이다. 둘째, 표준안의 개요를 작성해서 프레젠테이션 하는 방법이다. 셋째, 표준안의 핵심적인 내용의 일부를 예시로 보여주는 것이다. 넷째는 목차(안)를 보여주는 방식이다. 목차는 문건의 범위, 구조, 내용뿐만 아니라 부록에 들어갈 내용까지 한 눈에 보여줄 수 있기 때문이다. 간혹 엑셀에 목차와 내용을 작성해서 보여주는 경우도 있다. 또한 문건이 이미 충분히 준비되어 있다

---

2 ISO Online browsing platform: available at https://www.iso.org/obp, IEC Electropedia: available at http://www.electropedia.org/

면 해당 문건의 일부를 캡쳐 해서 보여주기도 한다.

개발 트랙(Standard Development Tract, SDT)

국제표준문서의 개발 기간 또는 트랙은 18개월, 24개월, 36개월 중 하나를 선택하게 되어 있다. 기술위원회 대부분이 36개월을 권장한다. 3년이라는 시간이 매우 긴 것 같지만 단계별로 진행하다 보면 그다지 긴 시간이 아니라는 사실을 알게 된다. NP 통과 후 코멘트를 반영해서 업데이트 한 문건을 작업반에서 발표한 후 회원국 전문가들과 토론을 하게 되고, 토론한 내용을 다시 문건에 포함한 후 투표 과정을 통해 회원국의 코멘트를 받는다. 코멘트 받은 내용을 잘 수렴해서 업데이트 된 위원회 안을 발표하고 또 투표에 붙인다. 이런 과정을 표준이 발간될 때까지 하는 것이다. 3년 개발 트랙은 다양한 회원국의 입장을 반영해서 국제표준을 천천히 완성도 있게 만들려는 의도이다. 그런데 만약 빠른 제정이 목표라면 어떻게 할 것인가? 신속 제정 절차를 이용하면 된다. 신속 제정은 이미 다른 기구에서 제정된 표준이거나 회원국에서 국가 표준으로 제정된 표준 등에만 한정해서 허용한다.

개발 일정(timeline)

24개월 혹은 36개월이라는 개발 기간을 분할해서 대략적인 개발 일정을 제시하는 것이 좋다. 이는 회원국 전문가들로 하여금 프로젝트 리더가 프로젝트에 대한 명확한 계획을 갖고 있다는 인상을 주게 되고 해당 프로젝트가 예측성 있게 움직일 것이라는 의미로 해석하게 한다. 저자는 영어권 프로젝트 리더가 실제 개발 일정인 36개월을 넘겨서 어려움을 당하는 경우를 보았다. 또 우리나라 프로젝트 리더가 표준안 개발을 정해진 시간 내에 해내지 못하는 어려운 상황도 목도하였다. 회원국의 반대로, 혹은 프로젝트 리더가 표준 문건을 기한 내에 완성하지 못한 경우 해당 프로젝트는 취소된다.

개발 종류(target document type)

연구자는 앞으로 자신이 프로젝트 리더로서 회원국 전문가들과 함께 개발하려는 문건이 무엇인지 밝혀야 한다. 즉 국제표준, 기술시방서, 공개 사양, 기술보고서, 국제 워크숍 협정 중 어떤 종류로 할 것인지를 말한다.

표준안의 국내 간사 기관 제출 방법

신규 표준안 제안을 위한 서식 4와 표준 초안은 산업통상자원부 국가기술표준원을 통해 ISO·IEC로 제출한다. 제안자는 국가기술표준원에 해당 표준안의 내용을 요약한 국문요약서도 함께 제출해야 한다. 국문요약서에는 기술위원회명, 표준 한영 제목, 표준안의 요약 내용, 제안자의 인적사항을 기록한다. 한편 국가기술표준원은 2015년에 '범부처 참여형 국가 표준체계'를 도입하였는데 이 제도는 국가 표준 개발 및 운영에 범부처가 협력하는 것으로 현재 과학기술정보통신부, 식품의약품안전처, 환경부, 국토교통부 등 9개 부처 및 청이 참여하고 있다.[1]

1 포스트 코로나 시대 표준화 범부처 협업 강화, 산업통상자원부 국가기술표준원 보도자료, 2020. 6. 9. 국가기술표준원은 국가 표준 총괄 부처이자 ISO•IEC 국제표준화 대응 국가대표기관으로서 과학기술정보통신부와 함께 산업표준심의회 표준회의를 통해 정보기술(ISO/IEC JTC 1), 사물 인터넷(JTC 1/SC 41), AI(JTC 1/SC 42) 분야의 KS 및 국제표준화 대응 공동 운영 방안을 마련하기로 발표한 바 있다. 이에 정보기술 및 AI 분야 표준을 제안하고자 하는 연구자는 이를 참고하기 바란다. https://www.korea.kr/news/pressReleaseView.do?newsId=156394604

국제표준안 제출

신규 표준 제안의 요건

표준 제안을 위해서 연구자가 준비해야 할 문건은 서식 4와 초안(ISO simple template에 내용을 기록한 드래프트) 혹은 개요서(아웃라인)이다. 신규 표준안 접수를 위한 이 두가지가 제출되지 않으면 공식적인 NP제안 프로세스가 시작되지 않는다. 또한 5개국(제안국 포함)이 참여해야 한다. 프로젝트 리더가 제안 단계에서 프로젝트 개발에 참여할 회원국 혹은 회원국 전문가를 섭외한다. 만약 회원국 섭외가 사전에 어려우면 NP 투표 종료 단계에서 참여를 희망하는 전문가의 리스트를 확인할 수 있다.

기술위원회 사이트에서 자신의 표준안 조회하기

프로젝트 리더는 표준 제안부터 제정까지 모든 과정을 ISO 기술위원회 사이트에서 조회하고 주요 일정을 관리할 수 있게 되어 있다. 여기서는 저자가 표준 제정을 추진하고 있는 ISO/TC 304(보건경영) 사이트를 예시로 해서 주요 기능을 설명하고자 한다. 모든 기술위원회 표준에 대한 URL은 다음과 같다.

https://sd.iso.org/documents/ui/#!/browse/iso/iso-tc-304/

위 주소의 마지막 세 자리에 기술위원회 번호를 넣으면 해당 사이트로 연결된다. 이 공식사이트 접속을 위해서는 ID와 비밀번호가 필요하며 GD등록 단계에서 ISO 중앙사무국과 국내 간사 기관이 이를 관리한다.

국제표준안 제출 이후 관리

회의 일정과 문건 현황 조회

GD 등록을 마쳤다면 이제 표준을 조회하러 가보자. <그림 6-20>은 위 URL로 접속하면 맨 처음으로 만나는 화면이다. 이 화면에서 ISO/TC 304로 제출된 모든 표준 목록과 해당 문서를 조회할 수 있다. 또한 회의에서 논의된 사항과 투표 결과를 검색하고 다운로드 가능하다. 이 문건들은 정기 회의, 투표, 일반적인 문서, 파일, 의결 사항, 프로젝트에 관한 내용으로 구분된다. 투표(ballots)에 관한 문건으로 투표 결과, 참조 문건, 서식을 조회할 수 있다.

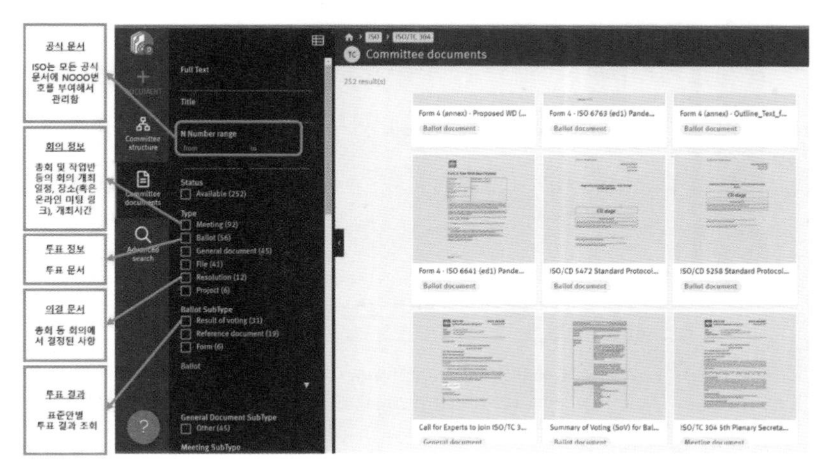

<그림 6-20> 기술위원회 초기 화면 (출처: ISO/TC 304 홈페이지)

서식 4 조회

연구자 혹은 프로젝트 리더가 서식 4를 기술위원회/분과위원회/작업반으로 제출할 때는 회람 일자(Circulation date)와 투표 종료일(Closing date for voting)을 기록하지 않고 제출한다. 이는 담당 간사가 작성하는 영역이기 때문이다. 간사가 위원회 웹사이트에서 문서를 회람하게 되는데 서식 4를 업로드 하면 공식적인 투표가 개시된다. 아래 그림은 저자가 프로젝트 리더인 자가증상관리 앱(Self-symptom checker) 표준안의 서식 4이다. 우측 버튼을 드래그 해서 전체 내용을 볼 수 있고, 출력과 저장이 가능하다.<그림 6-21> 우측에 보면 해당 서식 4의 메타데이터에 해당하는 내용을 볼 수 있다. 좌측 아래에 Project 옆의 NP 번호를 클릭하면 프로젝트 전반에 관한 자세한 정보를 확인하게 된다.

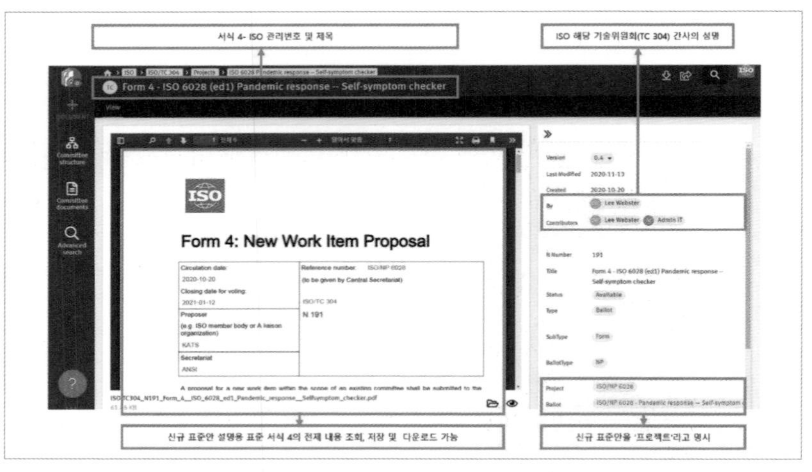

<그림 6-21> 자가증상관리 앱(Self-symptom checker) 표준안 서식 4 조회 화면
(출처: ISO/TC 304 홈페이지)

서식 6 조회

NP투표 결과는 서식 6에 기록된다. 서식 6에서 국가별 찬성, 반대, 기권표 현황을 볼 수 있다. 또한 회원국에서 본 프로젝트에 참여를 희망하는 전문가 이름과 연락처, 코멘트를 볼 수 있다. <그림 6-22>는 저자가 개발 중인 생활치료센터(Residential Treatment Center) 표준의 서식 6이다.

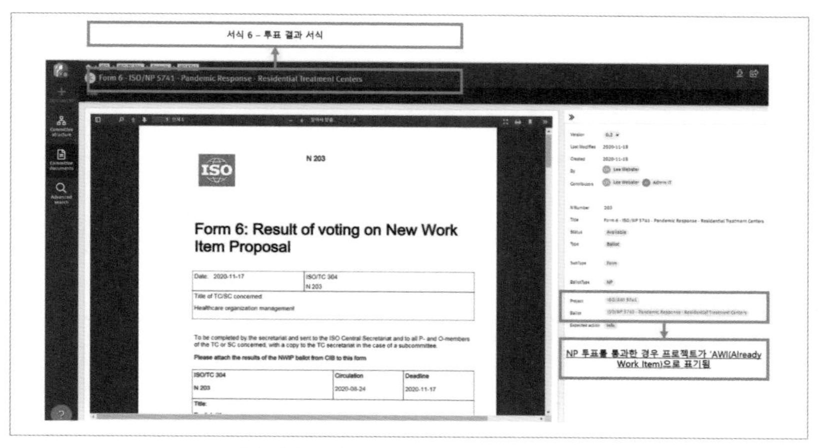

<그림 6-22> 생활치료센터(Residential Treatment Center)의 서식 6
(출처: ISO/TC 304 홈페이지)

프로젝트(표준안) 상태 조회

ISO 포털에서는 프로젝트 번호를 누르면 현재 진행 정도를 포함해서 프로젝트의 자세한 이력을 알 수 있다. 아래 예시는 저자가 ISO/TC

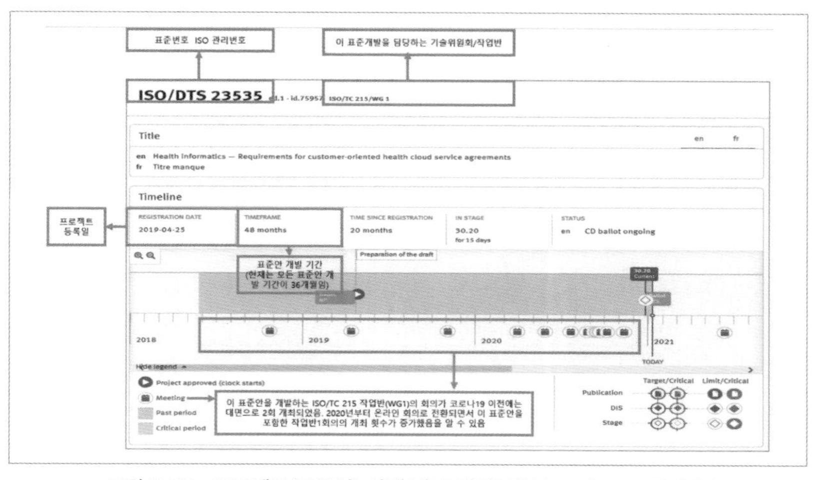

<그림 6-23> 프로젝트(표준안) 상태 정보 예시1 (출처: ISO/TC 215 홈페이지)

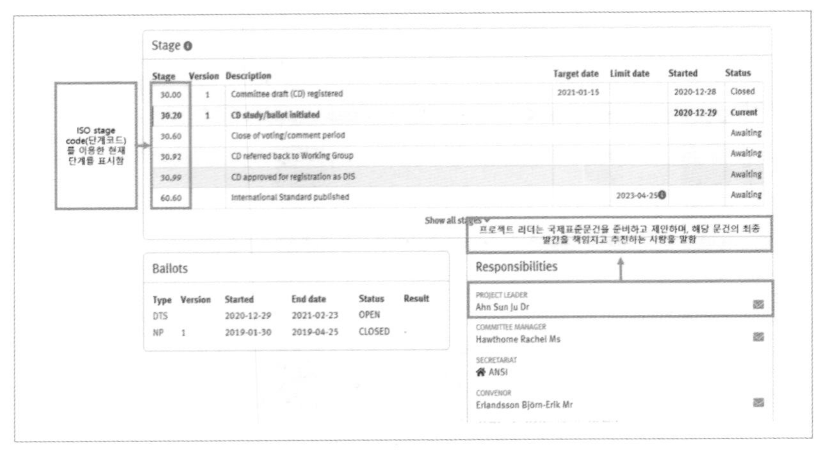

<그림 6-24> 표준안 상태 정보 예시2 (출처: ISO/TC 215 홈페이지)

215(보건의료정보)에서 TS(기술시방서)로 진행하고 있는 헬스 클라우드 관련 표준 현황이다. 2019년까지만 해도 표준 개발 트랙은 18, 24, 36, 48개월 중 택할 수 있었다. 이 프로젝트는 NP 투표가 2019년에 완료되었음을 알 수 있다.

국제표준 제정 경험 및 노하우

회원국 전문가들과의 관계

국제표준화 회의에서 회원국 전문가들과 좋은 관계를 만들고 유지하는 것은 정말 중요하다. 왜냐하면 그들은 회원국의 대표이고, 투표권을 행사하며, 명망 있는 전문가들이기 때문이다. 이 세가지 이유 때문에 회의장과 회의장 밖에서 서로 존중하는 것은 당연하다. 회원국 전문가들과 좋은 관계를 유지하는 것은 연구자가 첫 표준을 개발하는

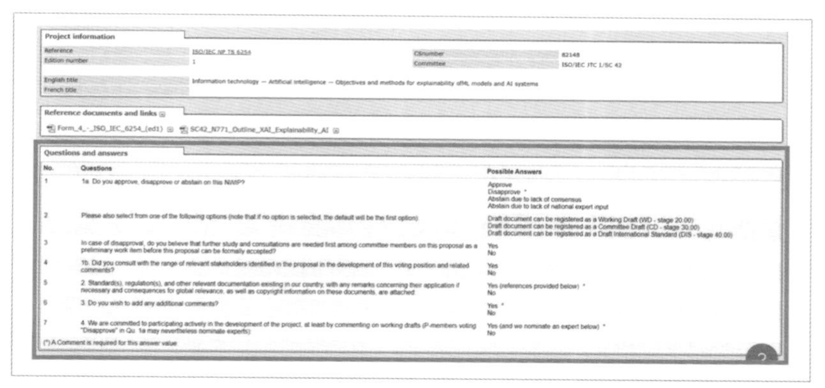

Project information

Reference	ISO/IEC NP TS 6254	CSnumber	82148
Edition number	1	Committee	ISO/IEC JTC 1/SC 42
English title	Information technology — Artificial intelligence — Objectives and methods for explainability ofML models and AI systems		
French title			

Reference documents and links

Form_4_-_ISO_IEC_6254_(ed1) SC42_N771_Outline_XAI_Explainability_AI

Questions and answers

No.	Questions	Possible Answers
1	1a. Do you approve, disapprove or abstain on this NWIP?	Approve Disapprove * Abstain due to lack of consensus Abstain due to lack of national expert input
2	Please also select from one of the following options (note that if no option is selected, the default will be the first option)	Draft document can be registered as a Working Draft (WD - stage 20.00) Draft document can be registered as a Committee Draft (CD - stage 30.00) Draft document can be registered as a Draft International Standard (DIS - stage 40.00)
3	In case of disapproval, do you believe that further study and consultations are needed first among committee members on this proposal as a preliminary work item before this proposal can be formally accepted?	Yes No
4	1b. Did you consult with the range of relevant stakeholders identified in the proposal in the development of this voting position and related comments?	Yes No
5	2. Standard(s), regulation(s), and other relevant documentation existing in our country, with any remarks concerning their application if necessary and consequences for global relevance, as well as copyright information on these documents, are attached	Yes (references provided below) * No
6	3. Do you wish to add any additional comments?	Yes * No
7	4. We are committed to participating actively in the development of the project, at least by commenting on working drafts (P-members voting "Disapprove" in Qu. 1a may nevertheless nominate experts)	Yes (and we nominate an expert below) * No

(*) A Comment is required for this answer value

<그림 6-25> 국제표준 투표 문건 예시 (출처: https://isotc.iso.org/livelink/eb3/part/cib/ballotAction.do?method=doView&id=451209, 조회일자: 2020.1.11)

과정에서 느끼는 압박감과 긴장을 낮추는데도 크게 도움이 된다. 그래서 가급적이면 첫 번째 회의부터 친구 사귀기를 시작하는 것이 좋다.

온라인 회의를 제외하곤 회의기간 중 회의 개최국이 주최하는 소셜 네트워킹 시간이 있는데, 이 기회를 활용하면 자연스럽다. 또한 작업반 마다 의견을 이끄는 사람(오피니언 리더)가 있기 마련이다. 이들에게 자신을 소개하고 자신의 표준안에 대한 의견을 청취하는 것은 결코 헛되지 않는다. 회원국 전문가들은 그 나라에서 그 분야의 대가이다. 대부분 탁월한 전문성과 지혜를 가졌다. 따라서 그들의 피드백은 훌륭한 표준을 만드는 윤활유 역할을 하게 된다.

언어와 문화의 장벽

국제표준을 개발하는 전 과정이 쉽지 않은 것은 사실이다. 한국어로 해도 어려울 판에 영어로 평균 3년이 걸리는 시간 동안 표준을 개발해야 한다. 개발 과정에서 발표, 토론, 코멘트 대응, 소셜 네트워킹, 다른 회원국 문서에 대한 투표, 토론 등 일련의 과정이 모두 영어로 진행되기 때문에 이것은 영어에 능숙한 한국인이라고 해도 부담되는 것은 사실이다. 7년간 영미권에서 유학한 교수, 외국에서 연수한 전문가 역시 발표를 앞두고 스트레스를 받고 긴장하는 것을 많이 보았다.

하지만 여기서 중요한 것은 국제표준 개발이 쉽지 않다는 것이지 불가능한 것이 아니라는 점이다. 영작이 어려우면 번역업체의 도움을 받으면 된다. 언어의 뉘앙스, 문화적 차이는 지속적인 참여로 습득해 나가도록 한다. 프로젝트 리더는 다른 4개국 프로젝트 팀들과 표준안 개발을 함께 하는 것이므로 문건을 공유할 때 회원국 팀원들이 더 나은 표현을 코멘트해주기도 한다. 여러 대륙에서 온 참석자가 참석하는 국제회의는 비 영어권 사용자에 대한 암묵적인 배려도 있다. 예를 들면 기술위원회의 의장과 간사, 작업반의 리더 컨비너와 간사 대부분은 천천히 발언한다. 중도에 포기만 하지 않으면 국제표준은 반드시 열매를 맺는 작업이다.

투표 결과와 코멘트

NP 투표가 끝나면 드디어 자신이 제출한 표준안에 대한 회원국의 지지 여부를 알 수 있게 된다. NP 투표 결과와 함께 프로젝트 리더에게 배달되는 문서 두 종류는 서식 6과 Template for comments and secretariat observations이다.

서식 6

서식 6은 NP에 대한 회원국의 투표 결과와 코멘트이다. 〈그림 6-26〉에서 빨간 박스로 표시된 부분이 회원국 간사기관이 투표하는 내용이다. 〈그림 6-25〉는 특정 국제 표준에 대해서 P멤버들이 반드시 답변해야 하는 7개의 질문이 포함되어 있다. 가독성을 위해 이 질문 7

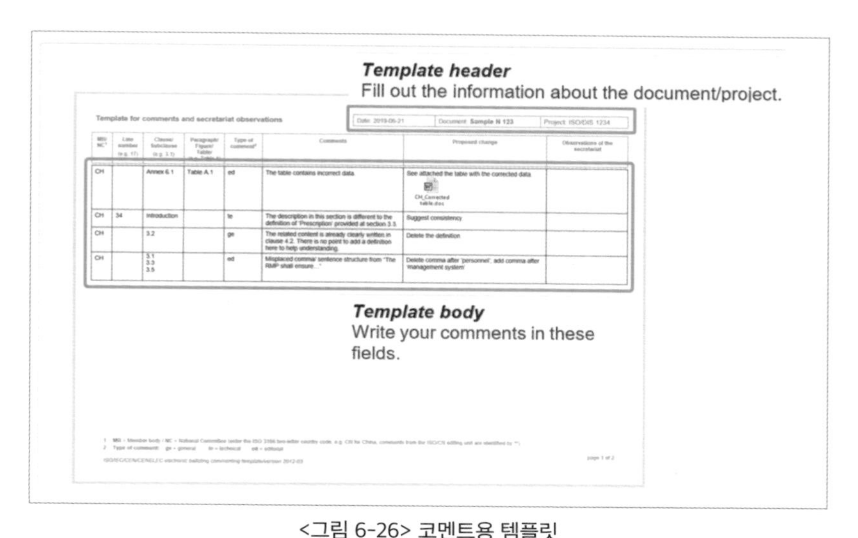

Template for comments and secretariat observations

Date: 2019-06-21	Document: **Sample N 123**	Project: ISO/DIS 1234

MB/NC¹	Line number (e.g. 17)	Clause/Subclause (e.g. 3.1)	Paragraph/Figure/Table/	Type of comment²	Comments	Proposed change	Observations of the secretariat
CH		Annex 6.1	Table A.1	ed	The table contains incorrect data	See attached the table with the corrected data CH_Corrected table.doc	
CH	34	Introduction		te	The description in this section is different to the definition of 'Prescription' provided at section 3.5	Suggest consistency	
CH		3.2		ge	The related content is already clearly written in clause 4.2. There is no point to add a definition here to help understanding.	Delete the definition	
CH		3.1 3.3 3.5		ed	Misplaced comma/ sentence structure from "The RMP shall ensure..."	Delete comma after 'personnel', add comma after 'management system'	

<그림 6-26> 코멘트용 템플릿
(출처: https://helpdesk-docs.iso.org/article/299-commenting-template-guidelines)

개를 표로 정리한 것이 <표 6-2>이다. P멤버가 7개 질문에 답한 내용을 정리한 것이 서식 6이다. 투표 기간이 끝나면 서식 6이 최종적으로 프로젝트 리더에게 전달되는 구조이다. 따라서 정부R&D 성과로 인정받으려면 ISO 포털에 업로드 되어 있는 서식 4[1]와 투표 결과가 담긴 서식 6으로 증빙해야 한다.

코멘트용 템플릿

아래 템플릿은 NP단계부터 받게 되는 코멘트 표준 양식 'Template for comments and secretariat observations'이다. 코멘트는 3가지 유형으로 나뉜다.

기술과 관련한 코멘트는 'technical', 문법과 스펠링에 관한 코멘트는

1 간사가 회람 일과 투표 개시일을 포함해서 올린 서식 4이다.

질문과 대답		
번호	질문	가능한 대답
1	1a. 이 NWIP에 대해 승인, 비 승인 또는 기권하십니까?	- 승인 - 비 승인 - 기권(국가 내 합의 부족으로) - 기권(국가 전문가의 의견 부족으로)
2	또한 다음 옵션 중 하나를 선택하십시오(옵션을 선택하지 않으면 기본값이 첫 번째 옵션이 됨).	- 초안 문서는 작업 초안으로 등록 가능(WD-20.00 단계) - 초안 문서는 위원회 초안으로 등록 가능(CD-30.00 단계) - 초안 문서는 초안 국제 표준(DIS-40.00 단계)으로 등록 할 수 있음
3	비승인의 경우, 이 제안이 공식적으로 수락되기 전에 예비 작업 항목으로서 이 제안에 대한 위원들 사이에서 추가 연구와 협의가 먼저 필요하다고 생각하십니까?	- 예 - 아니오
4	1b. 이 투표 관련 의견을 모을 때 제안서에서 확인된 다양한 관련 이해 관계자와 상담했습니까?	- 예 - 아니오
5	우리나라에 존재하는 표준, 규정 및 기타 관련 문서, 필요한 경우 적용에 관한 설명과 글로벌 관련성에 대한 결과 및 이러한 문서에 대한 저작권 정보가 첨부됩니다.	- 예(아래 참조)* - 아니오
6	3추가 설명을 추가 하시겠습니까?	- 예 - 아니오
7	4. 우리는 적어도 작업 초안에 대해 논평함으로써 프로젝트의 개발에 적극적으로 참여할 것을 약속합니다(그러나 Qu. 1a에서 '비승인'으로 투표 한 P 회원은 전문가를 지명할 수 있습니다).	- 예(아래에서 전문가를 추천합니다)* - 아니오

(*)이 답변 값에 대한 설명이 필요합니다.

<표 6-2> 국제표준 투표 시 질문과 답변

'editorial', 아이디어의 논리적 흐름에 관한 코멘트는 'general'이다. 코멘트 양식란에 약어로 기재한다.

- technical(te) - related to statements of fact 사실에 대한 기술과 관련한 코멘트
- editorial(ed) - related to spelling/grammar and layout 스펠링/문

법, 레이아웃에 관한 코멘트

- general(ge) - related to the logical flow of ideas 아이디어의 논리적 흐름에 관한 코멘트

코멘트 대응

앞서 살펴본 바와 같이 투표 결과에는 항상 회원국의 코멘트가 포함되어 있다. NP 투표 단계에서는 문건 자체가 초안이다 보니 그 이후 단계보다 코멘트가 비교적 적은 편이다. 여기서 비교적 적다는 것은 다분히 상대적이기 때문이다. 왜냐하면 국제표준화기구에는 각 표준안별 코멘트 평균 개수가 통계로 발표된 적이 없고, 최소값, 중간값, 최대값 역시 알 수 없다. 하지만 16개의 코멘트는 100개에 비해서는 적은 코멘트이다.

회원국들이 제시하는 코멘트의 대부분은 문건의 완성도를 높이는데 아주 도움이 된다. 여러 회원국에서 취합한 의견은 그야말로 국제적인 문서를 만들기에 합당한 조건을 만드는 토양이다. 국제표준 제정이 총성 없는 전쟁이라는 말이 있듯이 표준화기구에서는 모든 회원국들이 협력하면서 동시에 경쟁하는 구조라는 것을 늘 명심해야 한다. 그렇다면 코멘트가 많다는 것은 좋은 것일까? 나쁜 것일까? 두 가지 경우에 다 해당될 수 있다. 많은 코멘트는 회원국들의 관심이 매우 높다는 의미이다. 또 이슈가 많은 표준인 경우 엄청난 수의 코멘트가 달린다. 더구나 회원국들끼리 경쟁하고 있는 표준 주제인 경우에는 코멘트가 수백 개 달린다. 어떤 코멘트라고 하더라도 무시할 수는 없다. 그래서 코멘트를 해결하다 프로젝트 기한을 놓치는 리더가 가끔 나오는 것이다. 프로젝트 기한인 36개월 이내에 표준을 완료하지 못하면 프로젝트는 취소된다.

코멘트는 회원국 대표 의견이지 개별 전문가의 의견이 아니기 때문에 반드시 대응 내지 해결해야 한다. 따라서 코멘트는 회원국의 투표의 연장선에 있는 공식적인 입장이며 프로젝트 리더가 이를 수용하지 않거나 또 문건에 반영하지 않으면 그 코멘트를 낸 회원국은 필사적으로 반대표를 던진다. 반대표가 난무하는 가운데 3년이 걸리는 표준제정까지 가려면 프로젝트 리더는 상당히 피곤해질 수 밖에 없다. 문제는 투표과정에서 이슈가 많은 표준인 것이 확인되면 다른 회원국들도 기권표를 던지게 된다는 것이다. 따라서 프로젝트 리더와 대표단의 단장은 표준안에 대해 다른 주장 혹은 반대 주장을 펼치는 회원국과 사전에 긴밀히 협상해야 한다. 회원국의 요구조건을 명확하게 파악하고, 표준안의 대표성과 중립성을 해치지 않는 범위에서 상대국의 코멘트를 수용하는 지혜가 필요하다. 이 때 프로젝트 팀의 활약도 매우 중요하다. 국가 대 국가의 입장에서 대변해줄 수 있기 때문에 효과적이다. 또한 국제 표준 제정이 국가 대 국가의 비즈니스이기도 하므로, 대표단 내 이 이슈를 공유하고, 대표단장이 상대국 대표단의 의도를 파악하는 것 역시 중요하다.

수용

회원국에서 제공한 코멘트가 문서의 범위와 흐름에 맞고 표현에 문제가 없다면 프로젝트 리더는 이를 그대로 수용한다. 수정 내용에 대한 문장을 직접 만들어서 제공하는 경우에도 내용상 문제가 없다면 문건에 반영한다.

수정 반영

회원국의 의견이 모두 다 옳은 것은 아니다. 또 옳다고 해도 모두 수용 가능한 것도 아니다. 프로젝트 리더로서 해당 코멘트가 이번 표준안에, 부분적으로 수용이 가능한 경우에 수정해서 반영하였음을 코멘트 답변 서식에 표시하되, 수정한 내용을 병기하도록 한다.

수용 불가

회원국 전문가가 수용 불가한 의견을 제시하는 경우가 이에 해당한다. 수정을 요청하는 코멘트는 반드시 합리적 이유와 근거를 제시해야 한다. 그렇다면 어떤 코멘트가 수용 불가한 코멘트일까? 예를 들어 범위(scope)에 포함되지 않은 부분까지 조사해서 표준안에 포함하기를 요청하는 코멘트는 수용 불가능한 코멘트에 해당한다. 또한 지나친 규제로 작용할 가능성이 높은 내용을 포함하라는 코멘트 역시 받아들일 수 없는 코멘트이다. 회원국마다 상황이 달라서 해당 코멘트를 수용할 경우 자율성을 해칠 수 있는 내용은 반영이 불가능하다. 또한 다른 표준에서 이미 다루고 있는 내용을 추가하라는 코멘트 역시 반영될 수 없는 코멘트 종류이다. 다만 프로젝트 리더는 해당 코멘트를 수용하지 않더라도 회원국의 코멘트인 만큼 이를 존중하고, 신중하게 대처하는 것이 바람직하다.

체계적 검토 과정에서 반영

앞서 표준안 수정을 요청하는 코멘트는 반드시 합리적 이유와 근거를 제시해야 한다고 하였다. 특정 코멘트가 정말 필요하고 유용한 내용이지만 이번 표준안에서 개발 일정 때문에, 혹은 프로젝트 팀 내 역량 부족으로 반영이 어려울 경우에는 프로젝트 리더 역시 현 시점에서의 수용 불가에 대한 합리적인 이유를 제시해서 상대국의 전문가를 납득시켜야 한다. 해당 표준화기구에서 계속해서 표준을 개발할 수 있는 리더라면 매 3년(기술시방서 TS) 혹은 5년(국제표준 IS)마다 돌아오는 국제표준 갱신 프로세스인 체계적 검토(systematic review) 과정에서 반영하는 것이 대안 중 하나다.

투표 결과와 코멘트 대응 사례

모든 코멘트에는 답이 있다. 반대 의견에도 분명히 협상할 여지가 있다. 이것이 국제표준을 11개 제안한 저자의 철학이다. 연구자, 즉 프로젝트 리더가 포기만 하지 않으면 열매를 반드시 맺게 되는 것이 표준이다. 여기서는 연구자들의 이해를 돕기 위해서 회원국의 반대 투표와 코멘트에 대응한 사례를 소개하고자 한다.

'표준은 정답이 아니다'

2012년 캐나다 벤쿠버 소재 S호텔에서 보건의료정보 분야 국제표준화 회의가 열렸다. 그런데 공식회의가 끝났건만 3개국 전문가들이 카페에 앉아서 어둡고 진지한 토론을 하고 있다. 프로젝트 리더는 유럽의 A국 소속이고, 해당 표준에 대해 강하게 반대하는 그룹은 B국의 대표단 전문가들이다. 그리고 그 프로젝트의 공동 편집인인 한국인, 저자도 합석했다.

문제의 발단은 이랬다. A국 프로젝트 리더가 개발 중인 표준이 3년이 넘는 기간 동안 B국 대표단들의 끈질긴 반대로 다음 단계로 나아가지 못하고 있었다. B국이 엄청난 코멘트를 하고, 토론 시간만 되면 계속 문제제기를 했기 때문에 이를 해결할 수가 없는 지경이었다. 강하게 반대의견을 펼친 B국의 논리는 이러했다. 자국에서 오랜 동안 개발하고 활용한 모델을 A국 전문가가 갑자기 나타나 표준화하면서 B국의 이익과 요구사항을 표준에 반영해주지 않는다는 것이었다. 그래서 몇 년 동안 반대와 불만을 노골적으로 표시하였다. 이 때문에 작업반 회의가 진행이 안될 정도로 분위기가 험악해졌다.

작업반에는 총 60여명 정도의 다른 나라 전문가들도 있는데 이 두 나라가 가열차게 싸우는 것에 이제 지쳐 있었다. 컨비너도 중재가 어려웠다. 어떻게든 이 지리한 싸움을 끝내야 했다. 그런데 카페에 앉아 다시 논쟁이 시작되는 분위기였다. 그래서 저자는 중립적 입장에서 논쟁을 저지하기로 마음먹었다. 그래서 "표준은 정답이 아니고, 합의에 의해서 최선의 방침을 만드는 것이다. 그러니 두 나라 모두 조금씩 양보해달라"고 요청했다.

표준안 외적인 이야기도 덧붙였다. 두 국가가 팽팽히 맞서서 나를 포함한 다른 나라 전문가들은 솔직히 너무 지친다고 말했다. "일년에 두 번 만나는 회의가 사실 두 나라 때문에 제 정신이 아니고, 싸우는 것 보고 싶지 않아서 이젠 회의에 오기가 싫을 지경이다"고 했더니 갑자기 조용해졌다. 다행히 그날 이후 싸움은 종결되었다. 그 때 코멘트의 중요성을 정말 실감나게 깨닫게 되었다. 또한 공식회의보다 비공식 회의가 때로는 논쟁 해결에 매우 효과적임을 경험하였다.

모두가 일치하고 동의하는 정답이 있다면 표준 제정은 어렵지 않다. 하지만 항상 이견 조정이 필요하기 때문에 '합의'가 가장 중요한 표준화 요건으로 강조되고 있다.

국가 표준 혹은 지역표준으로 만드시는 것이 좋지 않을까요?

2020년 4월부터 추진한 K-방역모델의 국제표준화는 ISO/TC 304 소속 회원국들로부터 뜨거운 관심과 지지를 받았다. 하지만 아시아 소재한 국가는 "자동차 이동형 선별진료소 표준운영절차는 한 국가에서 적용된 것이므로, 국제 표준보다는 국가 표준 혹은 지역 표준으로 제정

대상 표준 (ISO/NP 5258)	A회원국의 코멘트	프로젝트 리더의 대응
	각 나라의 의료제도와 시스템이 다르므로 본 표준안은 국가표준 혹은 지역표준으로 제정해야 한다.	회원국의 코멘트를 수용하지 않았다. 전 세계에서 자동차 이동형이 대대적으로 활용되고 있음을 보여주는 기사와 사진자료를 부록에 첨부해서 이 표준안이 국제표준의 자격이 된다는 것을 시사하였다. 아래는 부록에 첨부한 일부 예시이다.

<그림 6-27> ISO/TC 304, 자동차이동형 선별진료소 표준 회원국 코멘트 대응사례 1 (출처: 그림 출처: 좌(셔터스톡 1715620756,), 우(일본민성신문, http://www.rokusaisha.com/wp/?p=35193)

하는 것이 좋겠다"는 주장을 펼쳤다. 이러한 주장에 대응하는 방법은 자동차 이동형 선별진료소가 한국에서 시작되어 세계로 확산되었음을 입증하는 객관적인 자료를 공식 회의에서 제시하고, 표준문서에도 포함해서 설명하는 것이다. 부속서에 해외에서 적용된 자동차 이동형 선별진료소 운영 사례를 포함하였더니 다음 단계에서는 이 국가는 반대 의견을 철회하였다. 이로서 자동차이동형 선별진료소 표준을 성공적으로 진행하였다.

방호복 착용 여부는 각 나라 정책에 맡기는 것이 어떻겠습니까?

일부 국가의 자동차 이동형 선별진료소에서 방호복 부족으로 쓰레기 봉투를 입고 검사를 수행하는 것이 보도된 바 있다. 유럽 소재 회원국에서는 방호복 착용이 'shall(해야한다)'이어서는 안된다는 의견을 피력하였다. 우리나라 자동차 이동형 선별진료소 운영 초기에는 모두 방호복을 착용하였다. 이를 수용하여 방호복 착용을 'shall'이 아닌

대상 표준 (ISO/NP 5258)	회원국의 코멘트	프로젝트 리더의 대응
	나라별로 팬데믹에서 동원 가능한 방호복 등 의료시스템의 역량에 차이가 있다. 특히 방호복의 경우 부족한 국가가 많다. 따라서 각 나라의 정책에 따라 자동차이동형 선별진료소에서 착용할 지 여부를 결정하는 것이 좋을 것이다.	회원국 코멘트를 반영하였다. 표준 문건에 자동차 이동형 선별진료소에서의 방호복 착용은 의무사항이 아닌 권고사항으로 수정하였다.

<그림 6-28> 자동차 이동형 선별진료소 표준: 회원국 코멘트 대응 사례
(방호복 그림 출처 : 프리스톡 1722795652)

'should'로 수정하였다.

코로나19 백신이 나왔기 때문에 팬데믹 관련 표준이 필요없다?

이 코멘트는 코로나19 백신접종이 시작된 지 얼마되지 않은 시점에 한 국가로부터 받은 코멘트이다. 해당 국가는 그동안 일관되게 우리나라가 제안한 팬데믹 대응 표준에 찬성을 하다가 2020년 1월에 한 표준안에 투표하면서 반대표를 던지지 않는 대신에 이 코멘트를 남겼다. 이것은 매우 근시안적인 관점이라고 생각한다. 상대국이 이러한 논리를 펼칠 때 대응 논리는 간단하다. 이번 코로나19 팬데믹이 끝난다고 하더라도 인류는 또 다음 팬데믹을 맞이할 수밖에 없는 운명이다. 기존 백신과 치료제가 효과를 발휘할 수 없는 신종 바이러스의 출현 때문이다. 또한 백신이 개발되었다고 해서 일시에 인류가 집단 면역력을 갖출 수 있는 것도 아니라는 사실을 간과해서는 안된다. 따라서 팬데믹 대응을 위한 표준은 백신 개발과 상관없이 반드시 개발되어 인류에 보급되어야 한다.

코로나 환자 중 무증상자가 40%에 달하므로 증상 체크용 앱은 불필요하다?

저자는 개인적으로 모든 코멘트는 답을 포함하고 있다고 생각한다. 이 코멘트가 답을 포함한 대표적인 코멘트이다. "코로나 환자 중 무증상자가 40%에 달하므로 증상 체크용 앱은 불필요하다." 이 말인즉슨 코로나 환자 중 유증상자가 60%에 달하므로 증상 체크용 앱이 반드시 필요하다라고 방어할 수 있다. 검사 역량이 충분하지 않거나 모니터링할 대상군이 많을 때 이 앱은 증상을 스크리닝해서 검사가 필요한 사람을 파악해 내는데 효과적이다.

국제표준 교육

국내 기구에서 제공하는 교육

산업통상자원부 글로벌 기술표준 전문인력 양성사업[1]

AI, 빅데이터, 클라우드, 사물인터넷 등 4차 산업혁명 기술 사용이 보편화됨에 따라 산업통상자원부 국가기술표준원은 글로벌 기술표준 전문인력 양성사업을 진행 중이다. 이 사업은 이기종(heterogeneous) 기술 및 산업 간 초연결·초지능·초융합을 대비해서 4차 산업혁명시대 신산업 기술의 글로벌 표준화를 선도하여, 우리 기업의 해외 시장을 창출하는 표준최고임원(CSO)을 양성이 목적이다. 본 사업의 주관기관은 한국표준협회이고, 참여 대학은 고려대학교, 부산대학교, 중앙대학교

1 https://www.kats.go.kr/content.do?cmsid=586

이다. 사업기간은 2019년 3월부터 2024년 2월까지로, 석·박사급 글로벌 기술표준 전문인력을 160명 양성하는 것이 사업목표이다.

한국표준협회(KSA) 차세대 국제표준 인력 양성 교육

한국표준협회에서 제공하는 차세대 국제표준인력 양성 교육은 1차 이론교육과 2차 실습교육으로 나뉜다. 1차 이론교육에서는 '표준과 표준화, 국제표준 활동 A to Z - ISO/IEC 디렉티브 Part 1, 국제표준과 프로젝트 매니지먼트, 국제표준과 적합성 평가, 국제표준과 기술규제, R&D와 국제표준, 표준특허와 기업'을 다룬다.

2차 실습교육은 '국제회의 영어 & 매너, 국제표준활동 A to Z - ISO/IEC 디렉티브 Part 2, 모의 국제표준화 회의'로 구성된다. 교육은 무료이며, 한국표준협회 표준협력센터가 담당한다.

한국정보통신기술협회(TTA) ICT 표준전문 인력 양성교육

TTA 아카데미는 산업계 수요에 맞춘 표준화 전문 교육을 무료로 제공한다. ICT 표준전문인력 양성 교육은 ICT 표준화 업무 수행에 필요한 표준화의 기본 개념과 지식의 습득을 목표로 하며 ICT 표준·표준화, 표준특허, 표준화 추진체계 등 표준화 개론과, 기술혁신과 표준 관계 등을 다룬다. 2021년 2월 현재 교육과정은 총 24개로 구성되며 ICT 국제표준화 활동에 관심 있고, 연구개발과 영어 역량을 갖춘 대학원생, 재직자 등은 누구나 무료로 신청가능하다. 세부적인 교육과정은 국제표준화 입문 과정. 국제표준화 기본과정, 국제표준화 실무과정, 국제표준화 전략과정으로 구분된다. 표준화 기술은 사물인터넷, 스마트시티, AI, 스마트 헬스, 이동통신, 자율주행차, 클라우드 컴퓨팅, 바이오 인식, 블록 체인, 실감 미디어 및 콘텐츠, 지능형 네트워크, 양자

정보통신을 다룬다. 실무과정에서는 ITU 및 ISO/IEC JTC 1의 기고서 작성법을 강의한다. 참석 비용은 무료이며, TTA 아카데미 홈페이지에서 신청할 수 있다.[1]

국제표준화 기구에서 제공하는 교육

IEC 국제표준 전문가 양성 교육

IEC는 2020년 11월 온라인 총회에서 국제표준화회의에 참석하는 전문가들을 위한 교육 포털을 만들기로 의결한 바 있다. IEC Academy는 국제표준에 필요한 주요 지식과 정보 제공을 위해 IEC가 운영 중인 포털이다. 이 포털을 통해 국제표준화에 관심이 있는 사람들은 아래와 같은 정보를 확인할 수 있다.

- IEC 국제표준의 개발과 편집에 대한 모범 사례
- IEC 워킹 그룹과 프로젝트 리더들에게 필요한 실무 정보
- 지속 가능한 목표(sustainable development goals)와 표준화의 영향

또한 사물인터넷 표준화 등 최신 기술의 표준관련 소식을 웨비나[2]를 통해 접할 수 있다.

---

1 https://edu.tta.or.kr/edc/TTAReqstView.do?eventId=EVENT_0000000002204&sul=1

2 https://www.iec.ch/academy/webinars

ISO 국제표준화 훈련

ISO에서 제공하는 국제표준화 교육 자료는 아래 사이트에서 확인 가능하다. 국제표준의 절차, 국제표준문서 작성 시 유의사항 등 실제적이고 유용한 내용을 제공한다.

- https://www.iso.org/resources.html
- YouTube training channe : https://www.youtube.com/c/ISOTraining

국제표준화 활동 지원 사업

국가표준 기술력 향상 사업

국가 표준 기술력 향상 사업은 산업통상자원부 국가기술표준원에서 수요조사를 실시하고 우리 기술의 신뢰성을 제고하고 글로벌시장 선점을 위해 국제표준 개발·제안하고 표준화 기반을 조성하기 위한 사업이다. 사업은 다시 표준화 연구개발 사업과 표준화 기반조성 사업으로 나뉜다. 표준화 연구개발 사업은 표준(안)을 개발하고 공적 표준화기구 및 사실상 표준화기구에 제안하여 국제표준(IS) 또는 TS/TR 제정을 하는 것이 목표이다. 표준화 기반조성사업은 국제표준 개발을 지원하기 위한 인력양성, 전략수립 등 표준화 기반을 조성할 목적으로 지원하는 사업이다. 표준화 기반 조성이라고 하더라도 표준안 개발이 포함되는 경우도 있다.

TTA의 국제표준화 전문가

과학기술정보통신부 산하 기구인 TTA에서는 매년 ICT 국제표준화 전문가를 선정하고 연 1~2회 국제표준화회의 참석을 지원한다.[1] 이 사업의 목적은 국내 ICT기술을 국제표준에 반영하고, 최신 해외 기술표준 정보를 적시에 국내에 보급하는 ICT 국제표준화 전문가를 육성함으로써 우리나라의 국제표준화 역량 및 국내 표준화 기반을 강화하기 위한 목적이다. ITU와 같은 공적 표준화기구외에도 다양한 산업분야의 ICT 관련한 사실상 표준화 기구의 참석 비용을 지원한다. 국제표준화 활동에 관심이 있어 신규로 참여하고자 하는 자(대학원생 포함), 소속기관/기업의 우수한 기술을 국제표준에 반영하고자 하는 자, 사실표준화기구 전문가, 국제표준화기구 의장단 및 영어 능통자를 우대하며 중소·벤처기업 기술의 국제표준화 활동을 지원코자 하는 전문가가 지원대상이다.[2] 선정방법은 신청자가 제출한 국제표준화 활동 계획, 국내외 표준화 활동 실적, 신청 목적 등을 전문가선정위원회를 구성하여 심사한 후 선정한다. 신청사이트는 ICT 국제표준화 전문가 홈페이지에서 하면 된다.[3]

---

1 https://expert.tta.or.kr/act/info.do

2 https://expert.tta.or.kr/act/info.do

3 https://expert.tta.or.kr/act/info.do

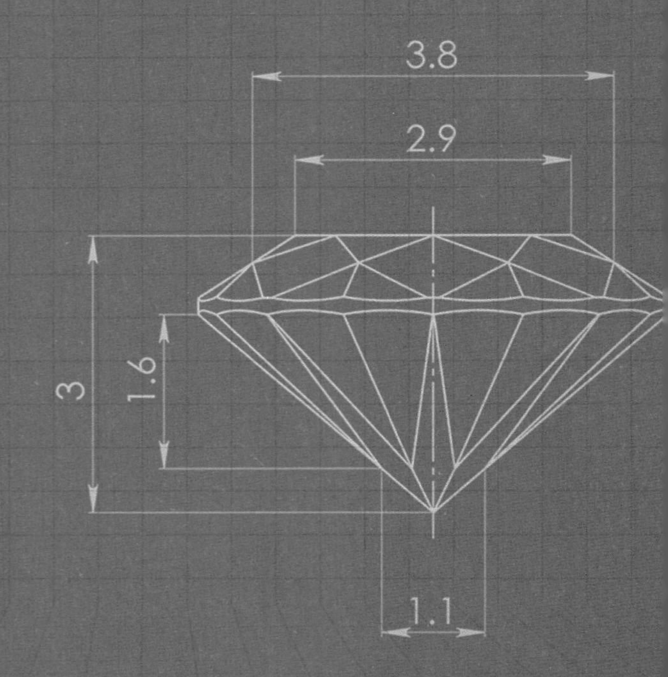
3.8
2.9
3
1.6
1.1

제7장

국가연구개발(R&D)과 표준

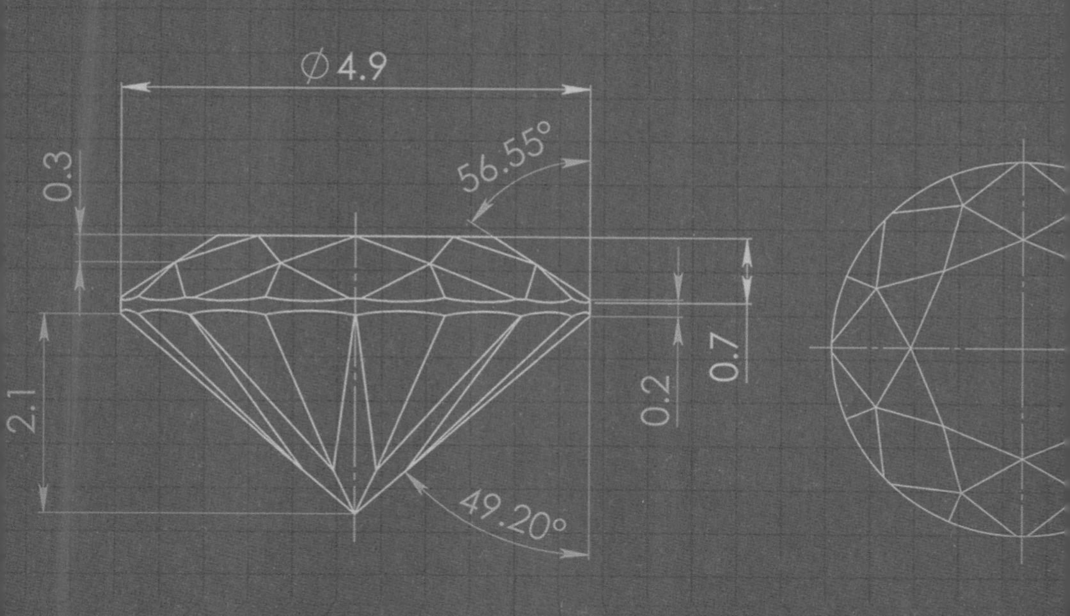

연구성과평가법과 표준

국가 R&D는 국민 세금으로 운영하는 사업이다 보니 모든 연구자들은 연구 개시 전부터 연구 종료 이후까지 성과관리에 매우 신경을 써야 한다. 그런데 2021년 들어 연구자들의 고민이 또 하나 생겨 났다. 연구성과에 '표준'이 포함된 것이 그 이유이다. 2020년 6월 9일 개정된 "국가연구개발사업 등의 성과평가 및 성과관리에 관한 법률(약칭: 연구성과평가법)에서 '연구성과'라 함은 연구개발사업을 통하여 창출되는 특허·논문·표준 등 과학기술적 성과와 그 밖에 유·무형의 경제·사회·문화적 성과를 말한다."라고 정하고 있다.

자신의 연구 결과를 어떻게 표준과 연계할 수 있을지 고민하는 연구자들이 많다. 익히 우리가 알다시피 논문과 특허처럼, 표준 역시 쉽게 달성할 수 있는 목표가 아니다. 특히 국제표준화기구에서 표준을 제안하거나 제정해 본 경험이 없는 연구자들에겐 R&D와 표준연계는 또다른 과제목표처럼 인식되는 것 또한 사실이다. R&D가 기초, 원천, 상용 등 TRL단계가 다르고, 개발 영역도 시제품 로봇제작부터 미니 장기까지 엄청나게 다양하다 보니 '표준연계'를 정량적 목표로 제시하고 있지만, 해당 분야 선례를 찾기 힘들고, 아예 참조할 만한 정보나 기준조차 없는 경우가 많아 연구자들이 어려움을 토로하고 있다. ISO 및 IEC에서 표준개발을 위한 지침을 제공하고 있지만, 이는 어디까지나 절차에 관한 내용이지 실제 표준화 주제를 어떻게 잡아야 하고, 구체적으로 표준 개발 방향을 어떻게 잡아야 하는지에 대한 정보는 없는 상태이다. 한마디로 폭발적인 표준화에 대한 수요에 비해 구체적인 표준화 가이드를 찾기 어렵다. 따라서 이 장에서는 연구성과법 개정 내용은 무엇인지, R&D와 표준을 어떻게 연계할 수 있을지 살펴보도록 하겠다.

연구 성과란?

국가과학기술위원회와 한국과학기술기획평가원이 2014년에 발간한 "국가연구개발사업 성과창출·보호·활용 표준 매뉴얼"에 의하면 연구 성과는 그 시간 순서에 따라 1차적 성과와 2차적 성과로 나뉜다. 1차적 성과는 연구결과 및 과학기술적 성과를 의미하고, 2차적 성과는 및 경제적 성과를 의미한다. 논문, 특허 등은 1차적 성과에 해당하고, 연구결과에 따라 비용 절감이나 품질 개선 등의 효과를 창출한 경우가 2차적 성과에 해당한다.[1] 그렇다면 표준개발은 어떤 성과로 볼 수 있을 것인가? 연구 과정에서 과학성을 추구하고, 연구 전반의 재현성 보장

1 국가과학기술위원회·한국과학기술기획평가원(2014). 국가연구개발사업 성과 창출·보호·활용 표준 매뉴얼.

의 관점에서 표준을 바라본다면 1차적 성과로 볼 수 있을 것이다. 또한 표준은 비용 절감과 품질 개선의 성격도 포함하고 있어 2차적 성과에도 해당될 수 있을 것이다.

연구성과평가법이란?

국가연구개발사업 등의 성과평가 및 성과관리에 관한 법률(이하 '연구성과평가법')이란 정부가 추진하는 과학기술분야의 연구개발 활동을 성과 중심으로 평가하고 연구성과를 효율적으로 관리·활용함으로써 연구개발투자의 효율성 및 책임성을 향상시키는 것을 목적으로 한 법률이다.[1] 동 법에서는 '연구개발사업'을 중앙행정기관이 법령에 근거하여 연구개발을 위하여 예산 또는 기금으로 지원하는 사업으로서 「과학기술기본법」 제11조의 규정에 따른 국가연구개발사업이라고 정의하며 '성과평가'라 함은 성과목표의 달성도를 성과지표에 따라 평가하는 활동을 말한다.[2]

> ⑥ 정부는 성과평가를 실시할 때 연구개발사업의 성격을 고려하여 사업의 기획 시 국내외 특허동향, 기술동향 및 표준화 동향을 조사하여 그 반영 여부를 고려하여야 한다. 〈신설 2014. 5. 28., 2014. 12. 30., 2020. 6. 9.〉

1 국가연구개발사업 등의 성과평가 및 성과관리에 관한 법률 제1조(목적)

2 국가연구개발사업 등의 성과평가 및 성과관리에 관한 법률 제2조(정의)

개정 배경

최근 10년간 국가 R&D 예산은 지속적으로 증가하여 2020년에는 24조 원 이상이었고 이 중 표준화 R&D 예산은 전체 R&D 예산의 23%인 558억원이었다. AI, 자율주행자동차, 드론과 수소 등 신산업은 급성장하고 있는 반면 표준 개발은 적기에 이뤄지지 못하였는데 이는 R&D와 표준의 연계가 이뤄지기 어려운 제도적 여건 때문이었다.[3] R&D 투자 규모의 확대로 성과 못지 않게 그 성과의 활용과 확산도 주요 과제가 되었다. 표준은 난이도, 공공재적 성격, 산업 파급성 측면에서 특허와 논문 이상의 연구성과이지만 법률에서 연구성과에 포함되지 않아서 그동안 그 가치를 제대로 인정받지 못하였다.[4] 이에 R&D와 표준 연계를 활성화하고, 국제표준화 선점을 통한 국가 산업경쟁력 확보를 위해서 드디어 2020년 6월 9일 연구성과법 개정으로, 표준이 R&D의 연구성과로 포함되었다.

개정 내용

2020년 6월 9일 개정된 연구성과법의 개정안은 <표 7-1>과 같다.

국가연구개발혁신법 시행령 제33조 제4항 및 별표 4에 따른 연구개발성과의 등록·기탁 대상과 범위에서 표준은 「국가 표준기본법」 제3조에 따른 국가 표준, 국제표준으로 채택으로 채택된 공식 표준정보가

3 노웅래(2020.1.8). 4차 산업혁명시대, 국가R&D-표준 연계방안 모색 공청회 자료집.

4 신훈규(2020.1.8). 연구성과평가법 개정안 소개, 국가R&D-표준 연계방안 모색 공청회 자료집.

개정 전	개정 후
제2조(정의) 이 법에서 사용하는 용어의 정의는 다음과 같다. 8. "연구성과"라 함은 연구개발사업을 통하여 창출되는 특허·논문 등 과학기술적 성과와 그 밖에 유·무형의 경제·사회·문화적 성과를 말한다.	제2조(정의) 이 법에서 사용하는 용어의 정의는 다음과 같다. 8."연구성과"라 함은 연구개발사업을 통하여 창출되는 특허·논문·표준 등 과학기술적 성과와 그 밖에 유·무형의 경제·사회·문화적 성과를 말한다.
제12조(연구성과 관리·활용계획의 마련) ① 과학기술정보통신부장관은 5년마다 다음 각 호의 사항을 포함하는 연구성과의 관리·활용에 관한 기본계획(이하 "성과관리기본계획"이라 한다)을 마련하여야 한다. 2. 특허, 논문 등 연구성과 유형별 관리·활용 방법에 관한 사항	제12조(연구성과 관리 · 활용계획의 마련) ① 과학기술정보통신부장관은 5년마다 다음 각 호의 사항을 포함하는 연구성과의 관리·활용에 관한 기본계획(이하 "성과관리기본계획"이라 한다)을 마련하여야 한다. 2. 특허, 논문, 표준 등 연구성과 유형별 관리·활용 방법에 관한 사항
제15조(기술가치평가 비용 등의 지원) 중앙행정기관의 장 및 연구회는 연구성과를 사업화할 필요가 있다고 인정되는 경우에는 연구성과에 대한 기술가치평가의 실시비용 및 특허 관련 비용 등을 관련 사업비에 반영하여야 한다.	제15조(기술가치평가 비용 등의 지원) 중앙행정기관의 장 및 연구회는 연구성과를 사업화할 필요가 있다고 인정되는 경우에는 연구성과에 대한 기술가치평가의 실시비용 및 특허 관련 비용 등을 관련 사업비에 반영하고, 표준을 활용할 필요가 있다고 인정되는 경우에는 표준 관련 비용을 사업비에 반영하여야 한다.

<표 7-1> 연구성과법 개정 전·후 비교

등록대상이다.[1]

1 소관 기술위원회를 포함한 공식 국제표준화기구(ISO, IEC, ITU)가 공인한 단체 또는 사실표준화기구에서 채택한 표준정보를 포함한다

R&D와 표준화

R&D의 일반적 특성과 표준화 필요성

R&D는 새로운 기술, 제품, 서비스와 원칙을 만들어내는 도전이요, 창의적이고 지난한 행위의 연속이다. 연구자와 연구팀은 R&D로 해결할 문제를 특정하고, 다차원적, 다학제적 접근을 통해 문제를 해결하고 마침내 혁신을 이룬다. R&D 전 과정에서 창의적 사고와 새로운 해석, 참신하고도 견고한 결과를 얻는 것이 중요한 것은 말할 것도 없고, 자신의 연구결과에 대한 과학적 입증은 필수 과정이다. 연구자 스스로가 자신의 연구결과를 입증하는 것, 그리고 제3자(기관)이 연구결과를 교차검증하는 것 모두 연구의 타당성을 인정받기 위한 일련의 과정이다. 이런 점에서 R&D는 특정 문제를 풀기 위한 체계적인 계획-수행-평가를 수반하게 된다. 무수한 시행착오를 거쳐 연구자는 문제의 해결

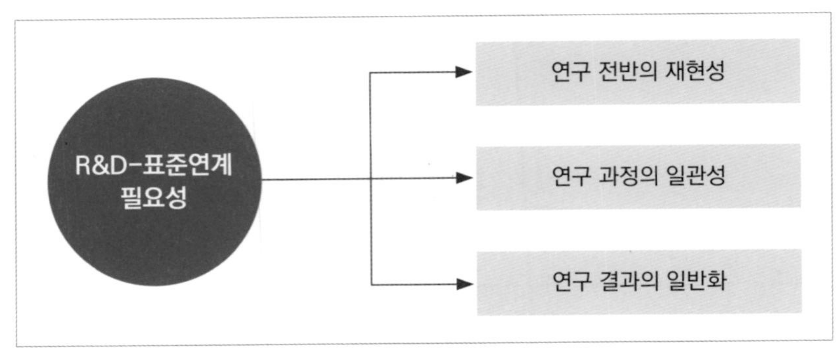

<그림 7-1> R&D-표준연계 필요성 (출처: 저자)

방식을 발견하게 된다. 그런데, 이 문제해결이 시간이 지남에 따라서 결과가 달라진다면 진정한 의미의 성공으로 평가받기 어렵다. 사람에 따라 실험 결과가 다르다면 결과를 입증하기 어렵게 된다. 정리하면, 표준 개발은 과학적 관점에서 연구결과를 재현하기 위한 필수과정이다. 연구 과정의 투명성 확보차원에서도 표준화는 큰 도움이 된다. 그런데 R&D는 '기술준비수준'이라고 하는 TRL에 따라서 개발 가능한 표준도 달라지게 된다.

R&D와 TRL

'기술준비수준(Technology Readiness Level, TRL)'은 연구개발 단계를 1~9로 표기하는 표준화된 방법이다. 미국 항공 우주국(NASA)에서 항공·우주 및 국방 분야의 R&D 프로그램에 적용하기 위해 도입한, 기술 성숙 단계 수준의 공식적인 표기 방법이다. 이 표기법은 국제표준이 되었다. 'ISO 16290: 2013우주 시스템 — TRL(Technology Readiness

Level) 및 평가 기준 정의'는 미국 항공 우주국, 미국 국방부 및 유럽 우주 기관(DLR, CNES 및 ESA)의 문서를 포함하여 해당 주제에 대해 이전에 사용했던 문서들을 고려하여 생성되었다. 한국의 R&D 프로그램에서도 이를 산업분야별로 재정의해서 사용하고 있다.

TRL은 9단계로, 기술준비수준에 따라 '기초 연구 단계', '실험 단계', '시작품 단계', '제품화 단계' 및 '사업화 단계'로 나뉜다(〈표 7-2〉 참조). 정부 R&D 사업에서는 연구책임자가 제품(기술) 및 개발 단계에 적합한 TRL을 선택하여 연구개발계획서에 명시하도록 안내하고 있다. 보건의료에 맞게 수정된 TRL을 보면 연속적으로 나오는 단어가 '검증'과 '평가'이다. 특히 제품화 및 사업화를 위해서 표준화는 반드시 거쳐야 할 단계임이 잘 드러나 있다.

분야를 막론하고 정부 R&D를 수행하고자 하는 연구책임자는 연구계획서를 제출할 때 TRL별 마일스톤을 명시해야 한다. 이 마일스톤에서 표준은 상용화와 사업화를 담보하기 위한 중요한 지표로 등장한다. 〈표 7-3〉은 보건복지부의 '2018년도 제1차 보건의료기술연구개발사업 신규지원 대상 과제 통합공고 안내'에 나와있는 TRL별 연구 마일스톤이다. 2020년 6월에 연구성과평가법이 시행되었으니 2018년에는 '표준'이 연구성과로 인정받지 못하던 시기임에도, 연구의 재현성을 담보하기 위해서 표준화가 필수 단계로 포함되어 있다.

산업 분야별 기술 및 제품의 성숙도에 따라 천차만별이겠지만 표준의 필요성은 모든 분야별 R&D의 성공을 위해 반드시 필요하다. 이것이 TRL표준인 'ISO 16290: 2013 우주 시스템 — TRL(Technology Readiness Level) 및 평가 기준 정의'에서 '재현 가능한 프로세스'를 강조하고 있는 이유이다. 이 표준에서는 '재현 가능한 프로세스'를 '시간 내에 반복될 수 있는 프로세스'라고 정의하면서 '성숙한 기술'은 실현 능

구분	단계	정 의[1]	세부 설명
기초 연구 단계	1	기초 이론/실험	• 기초이론 정립 단계
	2	실용 목적의 아이디어, 특허 등 개념 정립	• 기술개발 개념 정립 및 아이디어에 대한 특허 출원 단계
실험 단계	3	실험실 규모의 기본성능 검증	• 실험실 환경에서 실험 또는 전산 시뮬레이션을 통해 기본 성능이 검증될 수 있는 단계 • 개발하려는 부품/시스템의 기본 설계도면을 확보하는 단계
	4	실험실 규모의 소재/부품/시스템 핵심성능 평가	• 시험샘플을 제작하여 핵심성능에 대한 평가가 완료된 단계 • 3단계에서 도출된 다양한 결과 중에서 최적의 결과를 선택하려는 단계 • 컴퓨터 모사가 가능한 경우 최적화를 완료하는 단계 • 의약품 등 바이오 분야의 경우 목표 물질이 도출된 것을 의미
시작품 단계	5	확정된 소재/부품/시스템 시작품 제작 및 성능 평가	• 확정된 소재/부품/시스템의 실험실 시작품 제작 및 성능 평가가 완료된 단계 • 개발 대상의 생산을 고려하여 설계하나 실제 제작한 시작품 샘플은 1~수개 미만인 단계 • 경제성을 고려하지 않고 기술의 핵심 성능으로만 볼 때, 실제로 판매가 될 수 있는 정도로 목표 성능을 달성한 단계 • 의약품은 GMP(Good Manufacturing Practice, 제조품질관리기준) 파일럿 설비를 구축
	6	파일럿 규모 시작품 제작 및 성능 평가	• 파일럿 규모(복수 개 ~ 양산 규모의 1/10 정도)의 시작품 제작 및 평가가 완료된 단계 • 파일럿 규모 생산품에 대해 생산량, 생산용량, 수율, 불량률 등 제시 • 파일럿 생산을 위한 대규모 투자가 동반되는 단계 • 생산기업이 수요 기업 적용 환경에 유사하게 자체 현장 테스트를 실시하여 목표 성능을 만족시킨 단계 • 성능 평가 결과에 대해 가능하면 공인인증 기관의 성적서를 확보 • 의약품의 경우 비임상 시험 기준인 GLP(Good Laboratory Practice, 동물실험규범)기관에서 전임상시험을 완료하는 단계
제품화 단계	7	신뢰성 평가 및 수요 기업 평가	• 실제 환경에서 성능 검증이 이루어지는 단계 • 부품 및 소재 개발의 경우 수요업체에서 직접 파일럿 시작품을 현장 평가(성능뿐만 아니라 신뢰성에 대해서도 평가) • 의약품의 경우 임상 2상 및 3상 시험 승인 • 가능하면 KOLAS 인증기관 등의 신뢰성 평가 결과 제출
	8	시제품 인증 및 표준화	• 표준화 및 인허가 취득 단계 • 조선 기자재의 경우 선급기관 인증, 의약품의 경우 식약청의 품목허가
사업화 단계	9	사업화	• 본격적인 양산 및 사업화 단계 • 6-시그마 등 품질관리가 중요한 단계

<표 7-2> 기술준비수준 (TRL)단계 (출처: 보건산업진흥원 홈페이지)

TRL4 (후보 검증)	후보 물질의 실험실 내 제작공정을 확립하고, 동물 모델에서 안전성, 유효성을 평가하여 후보 물질로서의 가능성을 검증, 제품개발(임상개발) 전략을 수립	① TPP 기반 성공적 후보물질 평가기준 정립 효능/효과, 안전성/독성, 안정성, 시제품 제조공정 및 공정효율, 경쟁/대체제품 대비 경쟁력 ② 실험실 제작공정 확립 비임상용 제품생산공정, 기준·시험법, 마스터세포 규명, 실험용 세포은행 구축 ③ 질환 동물모델 확보 평가항목(효능, 효과, 안전성, 독성) ④ 생체내(in vivo) 생물학적 활성 평가 및 모니터링 기술 개발 안전성/독성, 효능/효과 평가, 바이오마커 확립, 세포운명(fate), 세포이동(migration) 검증 ⑤ 제품개발(임상개발) 전략 수립 치료제 이식기술 개발, 임상적용 목표 설정
TRL5 (GLP검증)	후보물질의 임상용 제품생산 공정을 확립하고, 임상시험 승인 신청을 위해 제출할 유효성, GLP 안전성 자료를 확보하는 연구수행	① IND 승인용 생물학적 활성 검증 약리(효능/효과), 안전성/독성(단회, 반복) 평가, 투여량 증가시험 및 임상투여량 설정 ② 임상용 제품 생산공정, 기준 및 시험법 확립·검증(GMP 제작공정) ③ 제품 안정화 기술, 제형 개발 ④ 대량생산법 연구개발 ⑤ 제품개발(임상개발) 계획 확립 임상연구(시험) 계획 수립, 임상프로토콜 작성, 대상환자 선정기준 설정, 비교(경쟁력)평가 대상 설정, 효능/효과, 안전성/독성 평가지표 설정 ⑥ 임상시험승인 신청서 제출 사전상담 내용 및 상담결과 포함
TRL6 (임상 적용)	후보물질을 최초로 임상적용하는 과정으로 안전성을 우선적으로 검증하여야 하고, 필요시 효능/효과를 입증하여야 함	① 최초 임상적용 시 안전성/독성 검증 투여량 증가시험(독성/안전성 평가)/단회 및 반복 독성 및 내성/단기 부작용 평가(전신, 국소)/필요시, 약리(효능/효과), PK/PD 평가 ② Phase 1/2상의 경우 약리(효능, 효과, 독성, 안전성) 평가 투여량 증가시험(효능/안전성 평가), 필요시 이식(줄기)세포 생착률 평가

<표 7-3> 줄기세포·재생의료 분야 연구 마일스톤 예시(TRL 4~6)[1] (출처: 보건산업진흥원)

1 보건복지부(2017. 12. 22). 2018년도 제1차 보건의료기술연구개발사업 신규지원 대상 과제 통합공고 안내. 보건산업진흥원 홈페이지

력 및 검증 가능성과 밀접한 관련이 있다고 정의한다. 또한 '우연히' 개발된 요소는 요구 사항을 충족하더라도 신뢰할 수 있는 일정에 따라 요소를 재현할 가능성이 거의 없다면 성숙한 기술로 볼 수 없다고 선언한다. 만약 기분 좋은 날에는 연구결과가 긍정적이고, 날씨 궂은 날에는 연구결과가 부정적이라면 이는 상황에 따라 임의적인 결과를 얻게 된다는 의미이고, 연구결과의 신뢰성을 저해하는 부정적인 요소임에 틀림없다.

R&D의 전 과정(TRL1-9)은 표준화 대상

그렇다면 R&D에서 표준화 대상은 어디까지인가? 결론부터 말하면 R&D 초기 투입재료의 선정부터 최종 산출물, 그리고 그 이후까지도 모두 표준화 대상이다. 모든 TRL단계에서 표준화 필요성이 존재한다는 뜻이다.

이를 그림으로 설명하면 <그림 7-2>와 같다. 만약 새로운 제품을 개발한다고 하면 초기 투입 요소(A)는 소재, 부품, 요소 기술을 포함한 다양한 연구 조건이다. (A)는 재료와 기술 간 조합 순서와 (B), (C)와 같은 중간 단계를 거쳐 최종 산출물(D) 개발에 이르게 된다. R&D에서 (A), (B), (C), (D)가 모두 특정 조건하에 실험과 개발이 진행된다. 이 제반 요소의 투입/결합/융합/제거 단계에서 각 요소에 대한 요구사항이 표준화 대상이 될 수 있다.

규격화/표준화 대상 예시

- 투입 요소의 요구사항 혹은 충족 요건

- 투입 소재의 적합성
- 재료와 재료 간 조합 순서 혹은 비율
- 각 제조 공정의 최적화된 결합 원칙
- 각 조건을 유지하기 위한 실험 조건의 순차적인 혹은 순환적인 절차들
- 연구 중간 단계에서 꼭 지켜져야 할 프로토콜
- 연구 과정에서의 오류 제거를 위한 중개 기법
- 최종 산출물의 기능적/물리적/기계적 특성
- 최종 산출물(완성품)의 품질에 대한 정량적 평가 기술

최종 산출물의 이상적인 기능적, 물리적, 기계적 특성이 표준화 대상에 포함된다. 이상적인 최종 산출물인지 여부를 평가하기 위한 객관적인 지표 역시 표준화 대상이다. 요약하면 아래 그림에서 모든 동그라미가 표준화 대상이 될 수 있다.

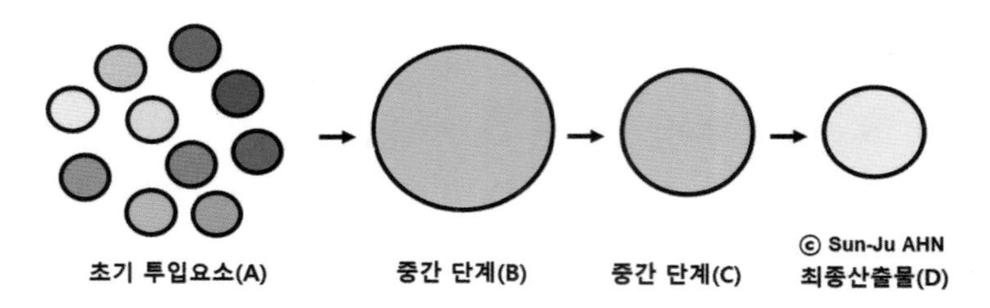

<그림 7-2> R&D와 표준연계 가능 영역 (출처: 저자)

R&D-표준 연계 참고자료

연구책임자가 자신의 연구분야에서 표준화가 가능한 분야를 찾는데 도움이 될만한 자료를 소개하고자 한다. 정부에서는 분야별로 '표준화 로드맵'을 개발해서 발표한다. 표준화 로드맵은 부처별로 다른 명칭으로 불리고 있지만 해당 산업 전문가, 표준 전문가, 정책 전문가들이 국내외의 산업, 표준, 기술, 정책 동향을 분석하고 이를 바탕으로 표준화 항목 및 주요 연도별 표준화 전략을 제시하는 내용을 담고 있어, 동향 파악에 도움이 되며 표준화 항목과 개발 우선 순위를 한 눈에 파악할 수 있는 자료이다. 각 부처의 정책 범위에 따라 과학기술정보통신부(과기부)는 ICT 분야, 보건복지부는 보건의료정보분야, 식품의약품안전처는 의료기기 및 의약품 분야, 산업통상자원부(산업부)는 스마트 제조 분야 등을 담당한다. 여기서는 과기부와 산업부에서 발간 중인 표준화 로드맵을 소개한다.

ICT 표준화 전략 맵

과학기술정보통신부는 ICT 분야 미래 기술의 표준화를 선도하기 위해서 'ICT표준화 전략 맵'을 매년 발간한다. 2019년에 발간한 2020년판 ICT 표준화 전략 맵은 소프트웨어(SW)·인공지능(AI), 방송·콘텐츠, 디바이스, 블록체인·융합, 미래 통신·전파, 차세대 보안 등 6개 집중 대응 분야와 15개 중점 기술, 242개 중점 표준화 항목이 포함되었다. 과기정통부는 이 전략 맵에 '5세대(5G) 이동통신', '블록체인' 등 데이터·네트워크·인공지능(DNA) 핵심기반기술과 공장·시티·팜 등 분야별 '스마트기술(스마트 X)', '무인이동체' 등 ICT 신산업 분야 국제 표준화에 대응하는 전략도 제시했다.

2020년에 발간한 2021년판 ICT 표준화 전략 맵은 'AI·DATA - 인공지능', 'AI·DATA - 빅데이터', 'AI·DATA - 지능형 로봇', 'AI·DATA - 지능형반도체', '사물 인터넷', '클라우드 컴퓨팅', '블록체인', '차세대보안', '비대면 산업 육성·교육' '디지털 전환', 'WLAN/WPAN', '지능형 네트워크' 등의 표준화 전략을 제시하였다. 공공안전 ICT에서 '스마트 모빌리티 - 자율자동차', '스마트 모빌리티 - 무인기', '스마트 모빌리티 - 자율운항 선박', '전파 응용 - 무선 전력전송', '전파 응용 - 수중 통신', '전파 응용 - 위성통신', '전파 응용 - 전자파 환경'을 다룬다.

ICT 표준화 전략 맵은 민간 표준화 활동의 전략방향을 제시하는 지침서이자 정부 정책 방향의 길잡이이다. 또한 국내·외 ICT 기술 표준화 관련 정보와 표준화 활동 기초자료로 활용된다. 정보통신기술협회(TTA) 홈페이지(www.tta.or.kr)에서 전략 맵을 다운로드 할 수 있다

표준-R&D 연계 방안 및 국제표준화 로드맵

산업부 국가기술표준원은 기술·서비스 간 융합 등 산업 경계를 초월한 융복합화에 대응해 범부처 간 협력 추진이 시급한 '스마트시티', '스마트제조', '자율주행차'를 2018년 전략분야로 선정해 사업을 추진해왔다. 표준전문가인 국가 표준코디네이터 제도를 도입해 정부와 민간의 긴밀한 협력을 촉진하고, 융합 분야의 표준과 R&D연계와 이의 국제표준화를 추진 중이다.

'스마트시티'는 표준기반 스마트시티 글로벌 시장 진출을 위해 데이터 모델링 및 서비스기술 등 6개 표준화 분야로 나누고, 2023년까지 44개 표준화 유망 항목의 국가·국제표준화 추진전략과 R&D 연계방향 제시하였다. '스마트제조'는 스마트공장 고도화를 위해 산업 데이터의 안전한 생성과 관리를 위한 보안 등 4개 표준화 분야로 나누고,

2026년까지 29개 표준화 유망 항목의 국제표준화 추진전략과 R&D 연계방향 제시하였다. '자율주행차'는 자율주행 수준을 제고하기 위해 자율주행통합제어, 커넥티비티, AI플랫폼 등 6개 표준화 분야로 나누고, 2023년까지 23개 표준화 유망 항목의 국제표준화 추진 전략과 R&D 연계 방향을 제시하였다.

R&D-논문-표준 연계

과학적 연구를 함에 있어서 실험결과를 논문으로 발표한 후에 표준으로 제안한다면 국제사회의 지지를 얻는데 큰 도움이 된다. 그런데 연구과정에서 도출한 정성적, 정량적 결과의 논문화는 표준화 보다 선행되어야 한다. 물론 표준을 발간한 후에도 논문으로 발간할 수 있지만, 표준을 제정하는 단계에서 이미 해당 지식이 회원국에 회람되고 광범위하게 노출되기 때문에 논문심사위원들이 이를 문제삼을 수도 있다.

국제표준과 규제와의 관계

국제표준의 중요성을 다각적인 측면에서 거론할 수 있지만 여기서는 국제표준이 갖는 규제적 측면에 한정해서 살펴보고자 한다. 모든 국제표준은 강제성을 띠지 않은 임의기준이다. 이는 '국제'적으로 정한 표준이라고 하더라도 이의 채택여부는 그 나라와 지역의 선택에 맡긴다는 의미이다. 하지만 현실에서는 적지 않은 국가와 지역에서 국제표준을 자국의 정책으로 채택하고 제도에 반영한다. 해당 국가와 지역에 적절한 정책이나 제도가 없는 경우 국제표준을 활용하는 것이다. 그도 그럴 것이 다수의 회원국이 모여서 장기간의 합의 과정을 거쳐 표준을 제정하다 보니 절차적 정당성은 물론이고, 합리성과 대표성을 충분히 갖추었다고 보는 것이다. ISO및 IEC에서 개발한 의료기기 관련 표준이 각국에서 규제수단으로 활용하고 있는 대표적인 사례에 해당한다.

저자 후기

1999년 9월 전 세계를 충격에 빠뜨린 사건이 일어났다. 미국항공우주국(NASA)이 3년 동안 6,583억 원을 들여 화성으로 쏘아 올린 기후 관측 위성이 화성 궤도를 진입하다 흔적도 없이 사라졌다. 이 허망한 사건의 원인이 이틀 뒤에 밝혀졌다. 표준 단위 표기법을 사용하지 않아서 일어난 비극이었다. NASA는 이 위성 미션에 킬로그램(kg)과 미터(m)를 사용했는데, 비행 데이터 분석을 담당한 업체인 록히드마틴은 킬로그램 대신에 파운드(lb)를, 미터 대신에 피트(ft)를 사용했다. 단위가 달라 계산 오류로 일어난 참사였다.

단위 착오로 인한 참사는 그해 5월에도 발생했다. 중국 상하이 국제공항에서 이륙한 대한항공 6316편은 공항 관제탑에서 "고도 1500미터를 유지하라"고 지시했는데, 부기장이 단위를 착각하여 기장에게 '1500피트'로 잘못 전달하여, 낮은 고도로 급강하하다 건물과 부딪혀 추락 사고가 났다. 대부분의 국가 공항 관제소에서는 '피트' 단위를 사용하지만, 중국은 '미터'를 사용하기 때문에 중국 공항에서 이착륙할 때는 미터를 피트로 환산하여 조정해야 한다. 이때 단위 착각의 작은 실수가 여러 명의 생명을 앗아간 것이다. 이 사고로 승무원과 인근 주민 8명이 모두 목숨을 잃었다. 비표준화로 인해 발생하는 이런 안타까운 불행을 막아야 한다. 표준은 인간의 생명을 보호하고, 자원 낭비를 최소화하며, 안전한 사회를 건설하는 필수 기준이다. 투명하고 예측성 높은 사회를 유지하기 위한 토대이다.

이 책이 독자들에게 꼭 필요한 표준 지식을 전달하기를 기대하며 심혈을 기울였다. 세상을 움직이는 12개 표준이야기, 영화와 예능 속 5

개의 표준이야기, 가장 인기 있는 12개 국제표준은 저자가 2010년부터 틈틈이 메모해 온 것들을 정리한 것이다. '다이아몬드' 내용은 2010년에, 〈윤스테이〉 내용은 2021년에 정리한 것이다. 이 책은 표준에 관심이 있거나 표준을 처음으로 개발하려는 분들을 위한 책이다. 한마디로 표준 지식의 대중화를 위해서 만든 책이다. 그래서 이 책의 다른 이름을 '처음 보는 국제표준화 안내서'라고 해도 괜찮다.

1880년대 후반에 미국의 니콜라 테슬라(Nikola Tesla)와 토머스 에디슨(Thomas Edison)이 벌인 전류 전쟁은 표준 전쟁의 서막에 불과했다. 세계는 지금 본격적인 표준 전쟁에 돌입했다. 인공지능을 비롯한 최첨단 기술 분야에서 표준은 기술 패권 장악의 도구가 되었다. 미국과 중국이 최첨단 기술표준 분야에서 치열하게 경쟁하는 이유는 표준 선점이 갖는 엄청난 경제적 이득과 장기적인 파급력 때문이다. 표준은 한 번 제정되고 나면 좀처럼 바꾸기 어렵다. 한 번 제정되면 전 세계인이 어디서나 사용한다. 신용카드처럼 말이다. 앞으로 표준 선점을 위한 경주는 더 치열해질 것이다. 이 경주가 공정하게 진행되도록 모든 회원국은 그 사회적 책임을 다해야 할 것이다.

국내에서는 국가연구개발사업 등의 성과평가 및 성과관리에 관한 법률에 표준이 성과로 포함되면서 표준에 대해 알고 싶어 하는 사람들이 늘고 있다. 하지만 표준 지식 대부분은 암묵지 형태로 존재한다. 문제는 표준을 만들다 보면 책에도 웹에도 없는 내용을 준비해야 하거나 대응해야 하는 경우가 많다는 것이다. 암묵지에 의존하고 있는 대한 민국 표준 지식을 형식지로 바꿔야 하는 이유이다. 우리 사회에는 훌륭한 표준 전문가들이 많고 그들은 각 분야에서 전문성을 발휘하고 있다. 이 전문가들의 표준 지식을 형식지로 변환하고, 체계적인 교육과정으로 포괄하는 것은 한국의 표준 경쟁력과 산업 경쟁력 제고를 위해 더 이상 늦춰서는 안되는 국가적 어젠다이다. 그런 점에서 국내에서 정치, 경제 그리고 패권 경쟁 측면에서 표준을 다룬 도서가 발간된 것은 환영할 만하다. 그만큼 표준에 대한 사회적 관심이 높아진 것이라고 생각한다. 그리고 이 책은 기존 도서에서 다루지 않은, 표준 전쟁의 한복판에서 직접 표준을 개발해 본 사람의 생생한 목소리와 노하우를 담았다.

이 원고를 처음 읽어 본 사람이 저자에게 한 말이 "이 글을 다 읽고 나니 저도 표준을 하나 만들 수 있겠다는 생각이 들었어요"였다. 이는 저자의 의도를 정확하게 읽은 것이다. 우리 모두는 표준개발자인 동시에 사용자이다. 좋은 표준을 만들면 혁신이 시작되고 나라와 국경을 넘어 모든 인류가 그 혜택을 보게 된다. 표준 개발은 100미터 달리기가 아니라, 마라톤 경주에 비유할 수 있다. 아니 사실 종합스포츠에 가깝다. 장거리를 뛰다가 장애물도 넘어야 한다. 장애물은 회원국의 반대나 수용하기 어려운 코멘트 등이다. 자신이 제안한 표준안이 투표를 통과했을 때의 기쁨은 축구에서 득점 골을 넣은 한국 대표 선수의 기쁨에 비길 만하다. 이를 보는 국민들도 기뻐 연달아 환호성을 지르는 것 같은 감격을 맛본다. 국제표준회의에서 각 나라의 독특한 영어 억양으로 말하는 것을 듣고 있노라면 한국인의 입장에서 이는 철인3종경기에 가깝다고 느낄 때도 있다.

새로운 분야에서 맨 처음으로 표준을 제안하다 보면 국내외에 전문가가 없어서 마치 홀로 히말라야 등반길에 오르는 느낌이 들기도 한다. 전문 산악인도 정상에 오르기 위해 그곳 지리를 훤히 꿰뚫고 있는 안내자인 셰르파의 도움을 받는다. 이 책이 미약하나마 표준 등정을 하려는 이들에게 든든한 셰르파 역할을 할 수 있기를 기대해본다. 우리 모두는 자신의 분야에서 시간과 경험을 쌓으면서 전문가가 된다. 이 전문성을 바탕으로 좋은 표준을 만들어보자. 우리가 만든 표준이 낯선 길을 가는 사람들의 길을 환히 밝혀주게 될 것이다.

이 책은 저자에게 매우 소중한 기록이다. 이 소중한 글을 좋은 책으로 만들기 위해 힘써주신 출판사 박재영 주간님, 편집자, 그리고 디자이너께 감사드린다. 끝까지 읽어주신 독자들께 감사드린다.

2021년 여름

안선주

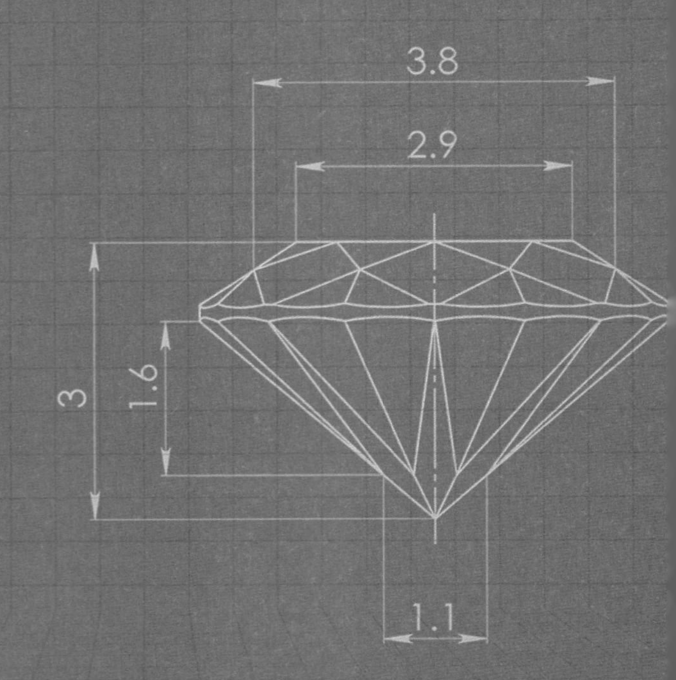
3.8
2.9
3
1.6
1.1

부록

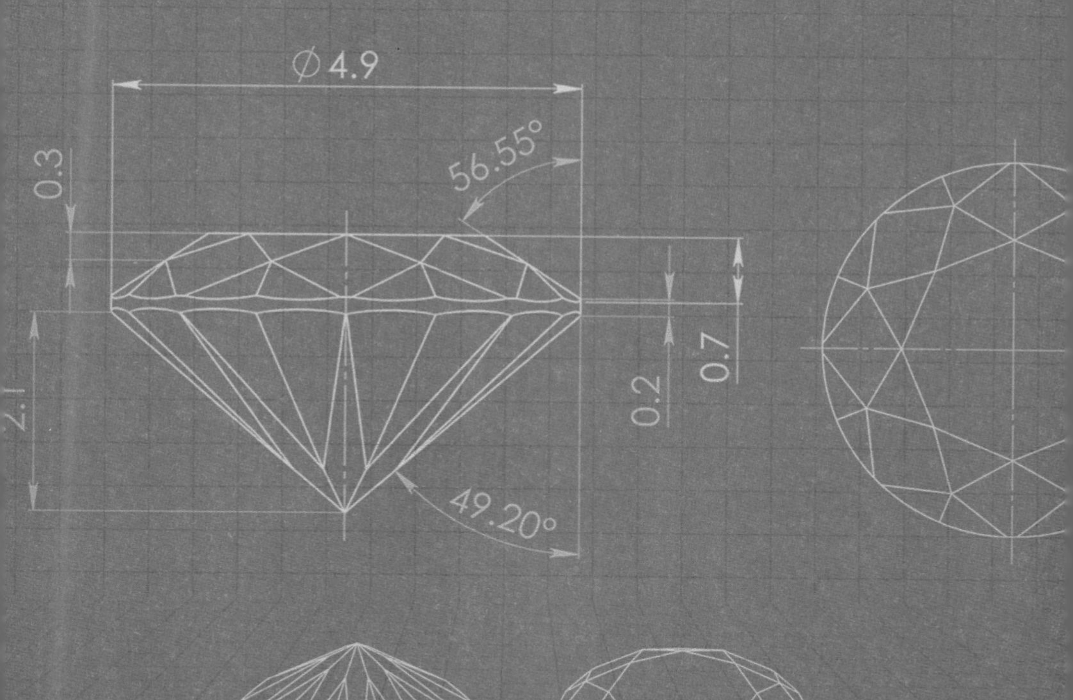

주요 용어 및 약어

- ANSI(American National Standards Institute): 미국표준협회
- API(Application Programming Interface): 응용 프로그래밍 인터페이스모델
- COSD(Co-operation Organization for Standards Development): 표준개발협력기구
- De Facto Standards: 사실상 표준
- De Jure Standards: 공식 표준
- DICOM(Digital Imaging and Communications in Medicine): 의료용 디지털 영상 및 통신 표준
- DIS(Draft International Standard): 국제표준안
- FDIS(Final Draft International Standard): 최종국제표준안
- GS1(Global Standards #1): 유통표준 분야 사실상 표준화기구
- HL7(Health Level 7): 보건의료정보 분야 사실상 표준화기구
- IEC(The International Electrotechnical Commission): 국제전기기술위원회
- IEC SyC(Systems Committee) AAL(Active Assisted Living): 국제전기기술위원회 능동형 생활 지원
- IEC/TC 62: 전자의료기기 분야 국제표준화기구
- IEC/TC 124: 착용형 스마트 기기 분야 국제표준화기구
- IEEE(The Institute of Electrical and Electronics Engineers): 전기전자기술자협회
- IS(International Standard): 국제표준
- ISO(International Organization for Standardization): 국제표준화기구
- ISO/IEC JTC 1 SC 42: 인공지능 분야 국제표준화기구

- ISO/TC 212: 진단검사 및 체외진단시스템 분야 국제표준화기구
- ISO/TC 215: 보건의료정보 분야 국제표준화기구
- ISO/TC 249: 전통의학 분야 국제표준화기구
- ISO/TC 304: 보건경영 분야 국제표준화기구
- ITU(International Telecommunication Union): 국제전기통신연합
- IWA(International Workshop Agreement): 국제 워크숍 협정
- JWG(Joint Working Group): 둘 이상의 작업반, 조인트 작업반
- KS(Korean Industrial Standards): 한국산업표준
- NIH(National Institutes of Health): 미국 국립보건원
- NIST(National Institute of Standards and Technology): 미국 국립표준기술연구소
- NP or NWIP(New Work Item Proposal): 신규 작업안, 신규표준안 혹은 신규작업 항목
- PWI(Preliminary Work Item): 예비작업항목
- SDO(Standards Developing Organization): 표준개발기구
- TBT(Technical Barriers to Trade): 기술무역장벽
- TC(Technical Committees): 기술위원회
- TR(Technical Report): 기술보고서
- TS(Technical Specification): 기술시방서
- WG(Working Group): 작업반

참고 사이트

국제표준 개발 가이드

: 국제표준 개발자를 위한 표준 서식, 프로젝트 진행 방법 등을 안내함

1. Standards development and drafting standards
국제표준의 제정 과정을 설명해주는 유튜브 채널로 ISO 에서 제공

2. Form 4 New Work Item Proposal [Word]
국제표준 제안자(Proposer/Project leader)가 작성해야 하는 표준서식인 Form 4 다운로드 제공

3. ISO 홈페이지

4. IEC 홈페이지

5. ITU 홈페이지

4. 국제표준 표준모델 문서
Model document of an International Standard—Rice model

국내 표준 관련 기관

: 국내 보건의료정보, 산업표준 및 의료기기 표준 관련 정책(보도자료) 조회 가능

1. 산업통상자원부 국가기술표준원

2. 한국인정기구(KOLAS) 홈페이지

참고 자료

- 산업통상자원부 국가기술표준원(2020.11.12) ≪S-Life≫ vol.187
- 산업통상자원부(2020.8.4). '자동차 이동형 선별진료소', 국제표준화 위한 첫 발 내딛다. https://www.motie.go.kr/motie/ne/presse /press2/bbs/bbsView.do?bbs_seq_n=1631 99&bbs_cd_n=81
- 산업통상자원부(2020.9.9). 보건복지부, 우리 주도로 ISO 감염병 팬데믹 대응 작업반(WG) 신설. https://www.korea.kr/news/pressRelease View.do?newsId=156410095
- 신명재(2007). 『新표준화 개론』. 한국표준협회.
- 안선주(2019). 『인공지능시대의 보건의료와 표준』. 청년의사.
- 안선주, 박해범, 송승용, 류지영, 김수화(2021.3). 코로나19 대응 경험에 기반한 K-방역모델의 국제표준화. ≪표준인증안전학회지≫, 제 11권 1호.
- 이은호(2012). 『세상을 지배하는 표준이야기』. 한국표준협회미디어.
- 지식경제부 기술표준원(2011.2.28). ISO 26000 제정 및 동향. ≪KATS 기술보고서≫, 제28호.
- 홍익희(2013). 『유대인 이야기』. 행성B.
- How to write standards_Update 2016 - EN, https://www.iso.org/files/live/sites/isoorg/files/archive/pdf/en/how-to-write-standards.pdf
- ISO Directive Par 1, https://www.iso.org/sites/directives/current/part1/index.
- ISO Directive Par 2, https://www.iso.org/sites/directives/current/part2/index.
- http://www.containerhandbuch.de/buchb.html